布童◎编著

红旗出版社

图书在版编目（CIP）数据

宝贝，和妈妈约定不让自己受伤害/布童著．—北京：中国文联出版社，2014. 8

ISBN 978-7-5059-9042-5

Ⅰ．①宝… Ⅱ．①布… Ⅲ．①安全教育－儿童读物 Ⅳ．①X956-49

中国版本图书馆 CIP 数据核字（2014）第 206926 号

宝贝，和妈妈约定不让自己受伤害

著　　者：布　童

出 版 人：朱　庆

终 审 人：朱彦玲　　复 审 人：刘　旭

责任编辑：王　萌　　责任校对：黄大双

封面设计：肖　杰　　责任印制：周　欣

出版发行：中国文联出版社

地　　址：北京市朝阳区农展馆南里 10 号，100125

电　　话：010－65389137（咨询）65067803（发行）65389150（邮购）

传　　真：010－65933115（总编室），010－65033859（发行部）

网　　址：http：//www. clapnet. cn

E-mail：clap@ clapnet. cn　　wangm@ clapnet. cn

印　　刷：北京九天志诚印刷有限公司

装　　订：北京九天志诚印刷有限公司

法律顾问：北京市天驰洪范律师事务所徐波律师

本书如有破损、缺页、装订错误，请与本社联系调换

开　　本：787×1092　　1/16

字　　数：157 千字　　印　　张：14

版　　次：2015 年 8 月第 1 版　　印　　次：2015 年 8 月第 1 次印刷

书　　号：ISBN 978-7-5059-9042-5

定　　价：32. 00 元

前　言

对父母来说，孩子是家庭的希望和未来，是每个家庭的重心，因此，孩子的安全问题成为每个家庭最为关注的问题。

每个人的一生中都难免会遭遇一些意外事件，给我们的人身安全带来巨大危害，尤其是孩子时期。这种意外一旦发生，就会是每位父母一生都无法承受之痛！由于儿童年幼无知，并且好奇心强，喜欢去了解周围的世界，但自控能力不足，加之其自身没有防范意识，稍有疏忽就容易发生意外损伤。每年都有许多儿童因为意外事故而受到伤害，甚至是失去有效生命。如何保护好孩子，让孩子健康茁壮成长，这成为我们每个人都极为关注的问题。

当发生地质灾害的时候，当汽车追尾的时候，当孩子独自一人在家的时候，当孩子们一起玩危险游戏的时候，我们也在担心这些弱小可爱的孩子。孩子们需要在危险发生的时候学会自救，保护好自己的安全。父母应也负起监督的责任，时刻保持“以防万一”的警惕性，同时让孩子危机时刻学会自救，丰富他们的安全自救知识。

在孩子生活的环境中，充满了各种各样的危险，小到日常生活中的一次被饭噎住、被鱼刺卡住，大到被坏人拦劫、外出旅行时和家人失散等，

都会给孩子带来危险。当父母不在身边时，孩子自己应该如何去从灾难中逃生，从危机中自救呢？这应该是很多父母都会关心的一个问题。

本书针对现代社会中儿童存在的安全隐患，介绍了一些切实可行的预防措施和自救办法，帮助孩子们从容应对生活中常见的突发事件，提醒孩子们如何预防和应对常见的突发灾害、紧急事件和危险事件，旨在让孩子们在轻松快乐的阅读中学会自救，自觉树立自我保护意识，学会自我保护。

本书共分为七章，从孩子的生活环境、生活习惯及日常救护等几大部分展开阐述，从居家安全到校园安全，从交通安全到人身安全，我们尽量全面地囊括了孩子在成长中可能遇到的危险，并提供了一些从危险中逃生的方法。书中的案例涵盖生活的各个方面，浅显易懂，寓教于乐，是一本非常实用并具有可操作性的儿童安全宝典。

生命如此美丽，愿小朋友们远离危险，健康快乐地成长！

目　录

第六章　应对户外突发状况

第七章　遭遇自然灾害

第一章

小鬼当家看我的

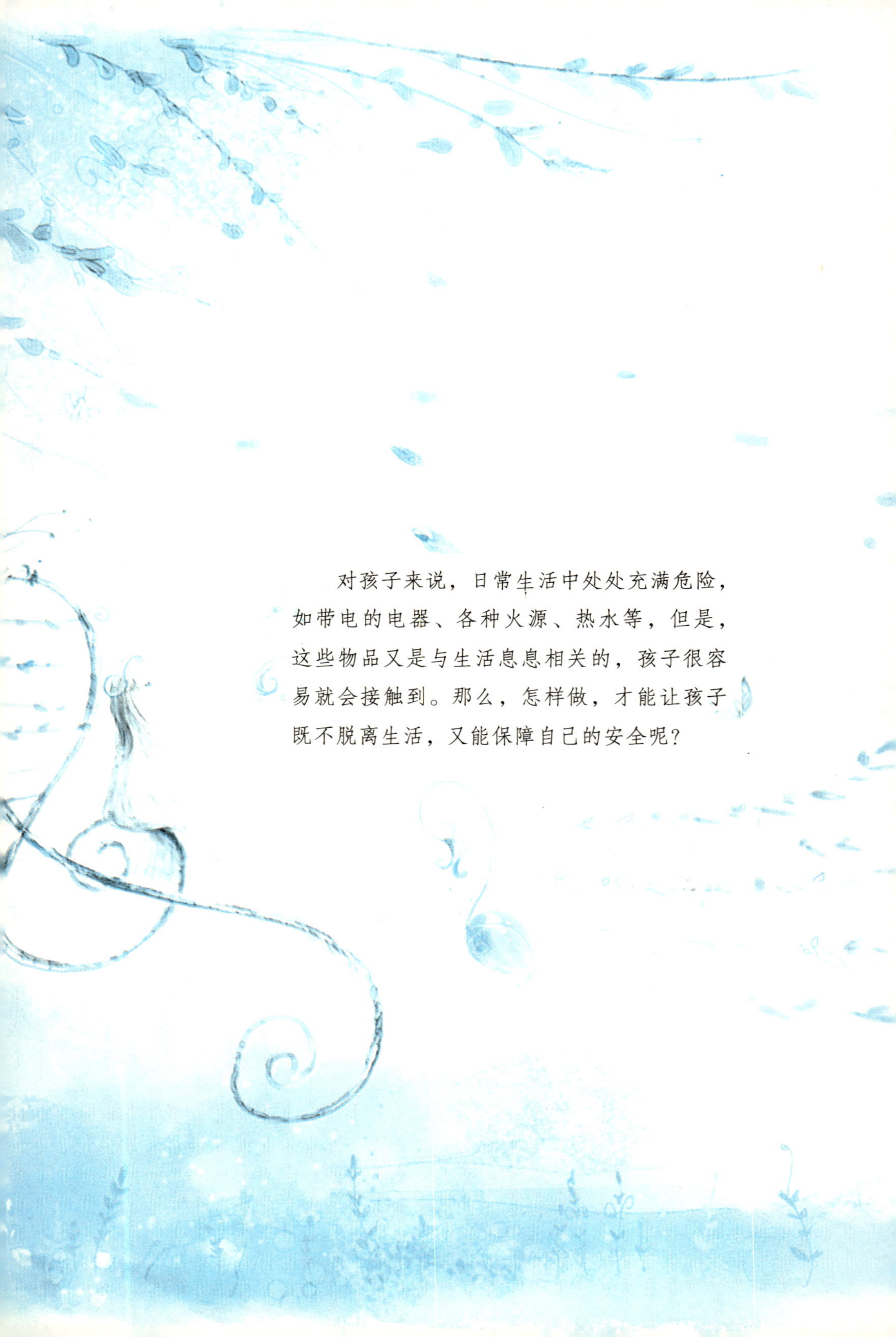

对孩子来说，日常生活中处处充满危险，如带电的电器、各种火源、热水等，但是，这些物品又是与生活息息相关的，孩子很容易就会接触到。那么，怎样做，才能让孩子既不脱离生活，又能保障自己的安全呢？

小心！电器也会“咬人”

暑假里的一天，爸爸妈妈都去上班了，妮妮独自在家。

妮妮先看了两集猫和老鼠，那是她最喜欢的动画片，给她带来了许多欢笑。唯一让人感到不满意的，是每天只放两集。妮妮看完动画片后，又在家里翻了翻，还想找点事情来做。做什么呢？妮妮在屋子里转了一圈，最后，她在卫生间的脏衣篮子里看到了一篮子脏衣服。

“哎！妈妈上班太辛苦了，连衣服都没时间洗。要是我帮她把这些衣服都洗了，妈妈一定会很高兴的！”妮妮这么想着，就开始动手去拿衣服。她把篮子里的衣服一件件地放进洗衣机里，突然，妮妮感到扶着洗衣机的手像被什么东西扎了一下。“啊！什么东西咬我？”妮妮马上拿起手看了看，可是并没有找到伤口。

“怎么回事？”妮妮再次小心翼翼地把手放在洗衣机上，结果又被“扎”了一下。被“咬”了两下，妮妮再也不敢碰洗衣机了。

妈妈下班回到家，妮妮迫不及待地跑过去给她讲了自己被洗衣机“咬”的事。

“妈妈，我们家的洗衣机会咬人，刚才我想洗衣服，结果被咬了两口。”

“被洗衣机咬了？你没事吧？”妈妈连忙抓起妮妮的手看了看，确定她没事才松了一口气。

妈妈这才告诉她，家里的洗衣机外壳一直带电，因为妮妮几乎从来不

宝贝，和妈妈约定
不让自己受伤害

碰洗衣机，所以根本不知道。爸爸回家后，妮妮又对爸爸讲了洗衣机“咬”人的事。“这样下去可不行，非发生危险不可，我打电话给维修公司，让他们过来看看。”爸爸说。

第二天刚好是周末，爸爸请来一名修理工，很快就把洗衣机“咬人”的问题给解决了。

安全知识小课堂

电器“咬人”在生活中并不少见，妮妮被“咬”的只是有一点点疼，有些漏电严重的电器“咬”起人和老虎一样，被“咬”住了根本就脱不开身，甚至还有生命危险。所以，作为孩子的主要监护人，你非常有必要向孩子传授以下这些关于安全使用电器的方法和原则：

1. 学会正确使用电器。正确使用电器非常重要，在没有其他人在身边的情况下，小朋友最好不要胡乱摆弄不会使用的电器设备。有的小朋友喜欢用棍子、铁丝之类的东西插入插座的插孔中，这种做法是非常危险的，很容易发生触电。

2. 学会看安全标示。很多电器上都有安全标示，不同颜色的安全标示的意义不一样。如果贴的是红色标志，意味着这个电器不能随便碰；如果贴的是黄色的安全标示，意味着接近这个电器有可能会触电，应该远离。

3. 认识导电体。不要手拿铁制品、铜制品、铝制品等去接触带电的电器。另外，水也是一种导体，如果通电的电器上沾了水，或者用湿手触摸通电中的电器，都有可能触电。

4. 不要私自拆卸家中的电器，如电源线路、插座、插头等。

5. 如果发现有人触电，不要用手直接去拉触电者，要设法及时断掉电源，并大声呼救，请求他人的帮助，不要自己处理，以防触电。

课堂要点： 平时尽量少碰电器，更不要私自拆卸电器。当发现电器带电时，应停止使用，不要自己动手检查，并立即告诉爸爸妈妈，让他们请维修人员前来进行维修。

咦，电线怎么躺在地上

男孩阿丁和几个好朋友一起在街道上玩耍，他们互相追着跑。

“快看！那是什么?”阿甲指着十米外的地上大声喊道。大家的目光都被他吸引，纷纷朝那片空地上看过去。

“不就是一根电线吗？阿甲你没见过电线呀?”“就是，又不是没见过电线，有什么好大惊小怪的！”小朋友们七嘴八舌地嘲笑阿甲，阿丁也觉得一根电线没什么好看的，转过身又向前跑了几步。

“阿丁，你不是想要做一根鞭子吗？我听爸爸说用电线做的鞭子最好用，你不要试试吗?”阿丁停住了脚步，再看看那根电线，正静静地躺在地上。“这个主意不错，这根电线归我了，你们谁都别跟我抢。”阿丁边说边跑向那根电线，好像真的会有人跟他抢一样。

“啊！”阿丁刚捡起电线，就发出一声惨叫。他下意识地松手想放开电线，可是这根电线好像蛇一样“咬”住了他，怎么甩都甩不开。阿甲和另外一个小朋友见状，忙上前拉住他，但怎么拉都拉不开，三个人都被电倒在地上。

其余的小朋友看到这个情景都慌了神，有的赶紧跑去找大人，有的愣在原地不知道该怎么办。有个小朋友突然想起爸爸对他讲过这方面的知识，

马上找来一根干木棍，用木棍轻轻一挑，就把“吸”在阿丁手中的电线挑开了。这时候，附近的大人赶了过来，把触电的小朋友送到了医院，阿丁和他的伙伴这才脱离了生命危险。

经过这次事件后，阿丁才知道，掉在地上的电线是不能用手抓的，最好是远远避开，否则很容易就会触电。触电是有生命危险的，小朋友们千万要注意啦！

在日常生活中，电线坠地的情况并不多，但是一旦碰见，就要小心对待。一些孩子看到电线坠地后，有可能会伸手去抓电线，这种做法非常危险。即使断了的电线离人还有好几步远，都有可能让人触电，后果非常严重。所以，作为孩子的主要监护人之一——妈妈，你应该传授给孩子以下逃生方法：

1. 远离坠地电线。一般来说，触电后自救并获救的几率非常小，因为人一旦触电，在数秒钟后就会失去意识，可供自救的时间非常短。所以，在平时，最好是远离坠地的电线，不要在电线下面玩耍，更不要用手去抓坠地电线。

2. 触电后，用另一只没有被吸住的手抓住电线的绝缘处，用力把电线拉开，扔到一边。如果是他人触电，千万不要用手去拉，这样不仅救不了人，还会让你自己也触电。

3. 如果是高压线坠地，千万不要大步跑着逃开。因为一迈步，电流就有可能从人的后脚进去，然后又从前脚出来。步子跨得越大，被电倒的可能性也越大。因此，当发现不远处有坠地的高压线时，最好是迅速背向电线坠地的地点，用一只脚跳着离开，或者用两只脚并列跳的方式逃离。

课堂要点： 面对坠地的电线，最好的办法就是不要靠近。如果看到其他人触电，就用干燥的木棍、竹竿、塑料工具等不导电的物体将电线挑开（注意：不要用湿木棍或竹竿），不要用手拉触电者。

打火机——危险的玩具

小毅和妹妹在家看电视，中间插播广告的时候，百无聊赖的小毅故意打了一下正在给洋娃娃穿衣服的妹妹。

“你干吗？”妹妹头也不抬地说。

“我们玩会儿游戏吧，等会儿再给你的娃娃穿衣服。”

“不玩，我一会儿还要看电视呢！”妹妹边说边把一只衣服袖子套在洋娃娃的手臂上。

“我们玩捉迷藏吧，就一会儿。”

“不行，一会儿也不行。”

任凭小毅怎么说，妹妹都不同意和他玩游戏。百无聊赖的小毅朝四周看了看，刚好看到了茶几上的打火机，就顺手拿起来玩。

小毅的拇指轻轻划一下滑轮，就有火苗一下子蹿出来。“真好玩！”小毅玩着玩着就停不住手，还不时地调整火焰的大小。

“哎呀！好险，差点烧到头发了……”小毅把出气量调到最大，没想到火苗窜了十多厘米高，直接往他头发上冲去。吸取了这次的教训之后，小毅把火苗调到最大时，就把双手伸到离自己的头远远的地方打火。火苗一

蹿一蹿的，小毅喜欢上了这个刺激的游戏。

“哥哥，妈妈告诉我们说不要玩火，你又忘了吗?”妹妹看到玩得不亦乐乎的小毅，一脸严肃地对他说。

“去去去，我玩打火机，又不是玩火。”小毅正玩得高兴，对妹妹提出的警告很不耐烦地回了句，又接着玩他的打火机。

小毅不停地把打火机打开，关上；打开，又关上……

哪知道，当小毅又一次打燃打火机的时候，突然很大一声响。还没等他反应过来，坐在他旁边的妹妹已经捂着右眼哭了起来。小毅自己也吓哭了，他的手上还流着血呢。原来，他手里的打火机爆炸了。

这时候，妈妈正好回来了，她急忙拿来医药箱给他们做了简单包扎后，又带着他们俩去了医院。还好，小毅的手只是被打火机的碎片割破了一个小口，而妹妹的眼皮上也被碎片割破了个小口子，医生上药后几天就能好。

从那以后，小毅再也不敢玩打火机了。

对小朋友们来说，打火机是一种危险的玩具，因为打火机里有易燃气体，被释放出来后，会蹿出火苗，有些质量不好的打火机还会发生爆炸。所以，在玩打火机时，稍不留意就有可能引发安全事故。作为父母，当发现孩子玩打火机时，一定要及时地进行劝阻，并给孩子传授下面的注意事项：

1. 不要让打火机的火苗烧到自己。有些小朋友在玩打火机时，无意中将出气量调到最大。结果，当长长的火苗蹿出来时，就有可能烧伤面部甚至引燃头发。

2. 不要引发火灾。小朋友玩打火机是引发火灾的原因之一，所以没事时最好不要玩打火机。如果需要使用打火机，要有大人在身边指导，或者

将打火机的出气量调节一下，避免火苗突然蹿太高。

3. 将打火机放在太阳下曝晒，或者是放在温度较高的地方，都有可能引起爆炸。所以不要把打火机放在窗台、电暖器、电磁炉等地方，也不要将不用的打火机扔进火堆里。

4. 不要咬打火机。打火机的材质多为塑料、金属，容易咬伤牙齿。而且打火机上还有很多细菌，用嘴巴咬容易感染疾病。

5. 不要摔打火机。如果在地上摔打打火机，或者从高处把打火机扔下，也很容易引起爆炸。

课堂要点： 打火机在生活中的用途非常广泛，对于很多小朋友来说，也是一个非常有趣的玩具。但是我们一定要谨记：打火机是一种危险的玩具，最好不要玩。

被烫伤不是开水的错

周六，爸爸妈妈加班，小严一个人在家。午饭时间到了，小严决定煮一碗他最拿手的方便面。面煮好后，他一手拿碗，一手拿锅铲把面盛到碗里。“真烫呀！”小严的左手被碗沿烫得生疼，但他还是坚持将锅里的面汤都盛到了碗里，又双手捧着碗往餐桌上走去。

碗沿变得越来越烫，不过小严想一鼓作气将碗放到桌上去。他小心翼翼地走了几步，突然一个踉跄，碗掉了下去，滚烫的面汤泼在小严穿着拖鞋的左脚上，火辣辣地疼，小严的眼泪顿时就出来了。

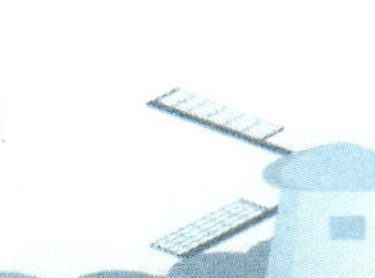

不过此时家里就他一个人，哭也没有用。小严强忍着眼泪来到卫生间里，打开自来水龙头，把烫伤的脚放在水流下冲洗。

边冲洗，小严边轻轻脱下脚上的袜子，挽起裤腿，让冷水直接冲在被烫伤的皮肤上。在冷水的不停刺激下，小严感觉被烫的地方不是那么疼了。

又冲了一会儿，小严关了水龙头，看到左脚的脚背上一片通红，有些地方还起了水泡。小严又忍痛接了半盆冷水，把受伤的脚放在里面浸泡着。大约过了半个小时，小严才把脚从盆里拿出来，用毛巾擦干，又用一条干毛巾轻轻把左脚包起来，然后拖着受伤的左脚一蹦一蹦地回到客厅的沙发上，给在附近上班的妈妈打了一个电话。

十分钟后，妈妈回来了，她察看了一下小严的伤势，又开车送他去医院。

医生仔细检查了小严的伤势后，直夸小严："你很棒，有很好的自我保护意识，在烫伤后及时采取了正确的护理，避免了伤口的进一步恶化。"之后，医生又给小严做了清洗和包扎，并开了一些外用的药，嘱咐他回家要好好养伤。

安全知识小课堂

烫伤在我们生活中经常发生，通常情况下，温度超过45℃的热水或者其他的物品，都有可能导致烫伤，而滚烫的开水更是会让皮肤重度烫伤。在烫伤发生后，我们需要进行一些自我救护。那么，当孩子被烫伤时，应该如何进行自我救护呢？作为父母，你可以告诉你的孩子，烫伤后可以这样做：

1. 如果烫伤处的皮肤没有破，先要用冷水冲洗，可别小看了这一步。用冷水冲洗烫伤处，可以让你感觉不是那么疼，还会减少水泡的形成。不过，在用冷水冲洗烫伤的过程中，需要注意到以下几点：

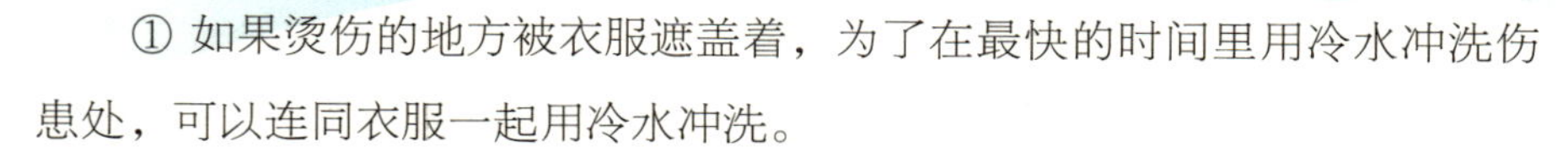

① 如果烫伤的地方被衣服遮盖着，为了在最快的时间里用冷水冲洗伤患处，可以连同衣服一起用冷水冲洗。

② 用冷水冲洗的时间应该在半小时以上，或者在冲洗时不感到疼痛为止。

③ 如果被烫伤处的皮肤已经破了，应严禁用冷水冲洗，否则可能发生感染。

④ 在用冷水冲洗后，进行简单的包扎，之后不宜再接触冷水。

2. 用柔软的干毛巾将烫伤处的皮肤轻轻拭干，并在伤口处涂上一些蓝油烃、绿药膏等油膏类的药物，再包扎 1～2 天。

在包扎烫伤时，需要注意以下几点：

① 如果是面部被烫伤，不方便出门，也影响呼吸和看东西。

② 烫伤处的皮肤要保持清洁和干燥，以防感染。

③ 如果有小水泡形成，注意不要弄破，因为过几天它们就会自己消失了，弄破反而容易感染。如果水泡较大，并且一两天后又出现红肿、疼痛加剧等症状，则应到医院让医生进行处理。

3. 如果是轻度烫伤，烫伤处的皮肤发红，但没有热、痛等症状，则可以省去以上两步，只在伤口处擦一些菜油、豆油、牙膏、清凉油和蓝油烃等，或者用毛巾蘸上酱油湿敷（如果烫伤发生在夏季，最好不要用酱油），有消肿止痛的功效。

课堂要点： 对于大面积的烫伤，应马上送往医院。如果被烫伤的面积比较小，而且烫伤不是很严重，则可以自己先进行一些处理，然后再去医院。

宝贝，和妈妈约定
不让自己受伤害

哎呀，噎着了

读故事学安全

学校提供午餐，这样小默和一些离家远的同学就不用回家吃午饭。每次和同学们一起吃饭时，小默都是最喜欢说话的那一个，边吃饭边叽叽嘎嘎说个不停。

“小默，今天给我们准备了什么笑话？快讲来听听。”同学小井拿着饭盒在小默的身边坐下，其他同学也纷纷附和着要小默讲一个笑话。

“今天我给大家讲个新笑话，保证你们没听过。话说老师布置了一份家庭作业，要求同学们晚上回家先看三集电视剧，然后写一篇观后感。第二天，同学们都按要求交上作文，只有小明例外，他的作文只有两个字：停电！”同学们听了哈哈大笑，小井连忙问：“然后呢？然后呢？”

小默吃了一口菜接着讲：“老师命令小明重新写一篇交上去，到第三天，他又把作文交给老师，这一次是五个字：电视机坏了。”同学们又是一阵大笑，小井笑着笑着就咳嗽起来。

“我呛着了，好像有饭粒在气管里。”小井拿起手边的可乐猛喝了一口，然后又咳嗽了几下，终于把气管里的饭粒咳出来了，他赶紧拿起饭盒就走。

“你继续讲，我现在不能听，等我吃完了再来听。”小井说完就拿着饭盒去了另一张桌上。

小默又给同学们讲了几个笑话，他只顾着讲，却忘了吃饭，最后，当同学们都吃完了，小默还有一大碗菜和一个馒头没动。等同学们去洗饭盒了，他才匆匆忙忙吃起来。这个时候馒头已经凉了，离上课时间也只有十

几分钟，小默快速地啃着手中的馒头。眼看馒头还剩下鸡蛋那么大一块，小默想要快点吃完，又使劲咬了一大口，没想到却给噎着了。

馒头堵在小默的喉咙里下不去也出不来，他想喝口水把馒头带下去，却发现身边根本就没有水。

“阿姨，我噎住了，你能给我打点汤吗？”小默对食堂的工作人员说。

“噎住了不能喝汤，来，我给你捶一下后背。”阿姨说着就在小默的后背上轻轻捶了几下。

“好点了吗？”阿姨问道。

“嗯，好像好点了。喝点汤应该会舒服点，阿姨你再给我打点汤吧。”

阿姨又给小默拿来一碗汤，小默喝了一口，这才感觉好了一点。

食物从嘴里到胃里，要经过细细的食道。食道并不是上下一样粗的，它有三个地方要窄一些。如果吃得太急，食团大，嚼得不细就咽下去，很容易堵在食道中一个狭窄的地方，就会噎住。如果吃饭太快太急，噎着就是常有的事，所以我们吃饭一定要细嚼慢咽，尽量小口慢吃。假使不小心被噎着了，也要掌握一些基本的自救措施。

1. 在哽塞不太严重的情况下，可以采取深吸气，然后用咳嗽的方法排出卡在喉咙里的食物。

2. 如果咳不出来，不要紧张，先休息一会儿，让食物自己慢慢地下去。旁边有人的话可以让他帮忙拍拍自己的背部，促进食道震动，从而让喉咙里的食物下到肚子里。身边没人也可以自己用手拍胸部，或者反手过去拍背部。

3. 发现噎住了不要急着喝水，因为有时候喝水会加重哽塞，并不利于食物下滑。

4. 如果感觉呼吸困难，最好能及时向身边的人发出请求，让他们抓紧时间带自己去医院。

课堂要点：吃饭时不要吃得太急太快，要细嚼慢咽。一旦被噎住，不要惊慌，注意采取正确的方式让食物下去。

被反锁的笼中“小鸟”

暑假第一天，憨憨赖床不起，妈妈喊了他几次都喊不起来，只好锁上门出去买菜了。由于菜市场离家比较远，妈妈要买的菜又多，所以出去了好一会儿都不见回来。

憨憨醒来后没有看到妈妈，他在床上喊了几声“妈妈”，见无人回应，赶紧从床上爬起来，穿好衣服，又在屋子里找了好几圈，也没有发现妈妈。憨憨又跑去开家里的大门，发现门已经反锁上了。憨憨心想：“啊！妈妈把我锁在家里了！怎么办呢？”

此时的妈妈还在菜场里转着呢，在一个卖萝卜的摊位前，她碰见了楼里的邻居李伯，两个人站在那儿聊了起来，妈妈好像忘了憨憨还被反锁在家里。

憨憨从冰箱里找出一袋酸奶和一些蛋糕，坐在沙发上边看电视边吃早餐。早上没什么好电视看，憨憨用遥控器按了一圈，最后停在了电影频道上，正在播放一部恐怖片。

正看着，恐怖的镜头加上恐怖的配音让憨憨浑身紧张，他赶紧关了电视，可是再也不敢一个人在屋子里待了。

憨憨又试着去开门，可怎么也打不开。

“妈妈——妈妈——呜呜呜……”憨憨趴在正对大路的那个窗户上大哭。他们家在一楼，大哭的憨憨很容易引起过往行人的注意。

一会儿，一个陌生人刚好路过这里。

“小朋友，你怎么了，爸爸妈妈呢?”

“爸爸妈妈都出去了，他们把我锁在了家里。”憨憨拖着哭腔对陌生人说。

“那你家里还有钥匙吗？拿给我，我帮你开门吧。”陌生人“友好”地说。

憨憨一听马上破涕为笑，因为家里还有一串备用的钥匙，他正好见过爸爸把这串钥匙放在一个抽屉里。

很快，憨憨拿来了钥匙，陌生人帮他开了门。憨憨终于从家里出来了，可是那个陌生人却进到了家里，拿走了妈妈放在抽屉里的好几千块钱。

父母出于对孩子的安全考虑，会将他们反锁在家中。然而，孩子却并不能领会父母的苦心，当他们发现自己被独自反锁在家中时，他们可能会想尽办法出去，而孩子们能想到的办法无非下面几种：

翻窗户：如果家里的窗户上没有防护网，年龄较小的孩子可能第一时间想着要从那里“出去”。而事实上，只有在较高的楼层，才不需要在窗户上装防护网来防小偷。

让他人帮自己开门：楼层较低时，窗户装了防护网，孩子知道无法从窗户爬出去，但是他们会站在窗户那里向外面的人求救，还有可能像上个故事中的憨憨一样，将家里的钥匙交给陌生人。

所以，作为父母，平时最好不要将孩子反锁在家中，如果实在没有办法要锁孩子，也应该提前告诉他们三大安全准则：

1. 不爬窗户。

2. 不将家里的钥匙给陌生人，实在想找人帮忙开门的话，应该把钥匙给信得过的邻居或者亲戚。

3. 不要试图用玩火或者从窗户往外丢东西引起他人的注意，因为玩火可能导致房子被烧，给自己带来危险。而向外丢东西可能砸到其他人。

课堂要点： 被父母反锁在家中时，最好是等着父母回家。如果真的着急要出门，也千万不要采取爬窗户、请陌生人帮忙开门等错误的方式。

咦，电梯门怎么打不开

坦坦和齐齐住在同一个小区里，他们的家是上下楼，两个人又在同一所学校读书。因此，他们总是一起上学，又一起回家。

这天放学后，坦坦和齐齐说说笑笑地走到住宅楼下，又上了电梯。

“坦坦，先去我们家玩一会儿吧，我给你看我新买的变形金刚。”

“好，我先回家给我妈妈说一声，不然她会担心我的。”坦坦边答应着，边按下了“27”、“28”两个键。

电梯向上升，坦坦和齐齐又接着聊天。两个人正聊着，电梯突然停了。

“到了吗？”齐齐边说着边往门边走去，可是电梯门却没有打开。就在

这时候，电梯突然快速向下滑落。

“快！把所有的楼层都按一下！”坦坦说着就伸手去按电梯上的楼层数字键。两个人一起动手，几秒钟就把所有楼层的键都按了一遍。

“快停下来！快停下来！”坦坦一遍遍对着电梯小声地喊，齐齐则不知所措地站着。幸运的是，电梯停在了五楼。

齐齐一屁股坐下去，哇的一下就哭了起来。

“齐齐，不要哭，我们一定能够出去的。”坦坦扶着齐齐的肩膀安慰他。

齐齐抹了抹眼泪，问道：“那我们现在怎么办？”

“我想想。”坦坦边说边向四周看了看。突然，他看到了墙上的报警电话。

“我有办法了！”坦坦拿起报警电话，对着话筒喊起来，可是里面什么声音都没有。他又用手按了按旁边的警铃，还是没有任何反应。

“坦坦，我们怎么办？我妈妈还等着我回家吃晚饭呢。”齐齐说着又哭了起来。

坦坦边安慰齐齐，边试着用手使劲拍了拍电梯门。

“齐齐，你快听！外面好像有人！”

齐齐听了一下子从地板上爬起来，用耳朵贴着电梯门听。

“救命啊！我们被困在电梯里面了。”齐齐边拍打着电梯门边大声喊，坦坦也和他一起喊。

电梯外面的人听到他们的喊声，连忙帮他们报了警。很快，电梯维修人员赶到，将坦坦和齐齐救了出来。

现代社会，只要乘坐电梯，就有可能遭遇电梯故障。当遇到电梯故障时，我们应该如何采取积极的措施进行自救呢？

1. 发现电梯门突然停住，电梯门打不开时，可以按电梯中的警铃报警，或者电话向相关人员报警。不要慌乱，也不要大哭大叫，否则会更容易因缺氧而昏厥甚至窒息。

2. 如果碰到的是电梯下坠，要马上按下电梯内每一层楼的按键，当紧急电源启动时，电梯就有可能停在其中任何一层。

在电梯下坠的过程中，如果电梯内有把手，要用一只手紧紧握住把手，蹲下，将后脑勺和背部紧贴在电梯墙壁上。

3. 如果外面没有专业救援人员在场，不要自行爬出电梯，也不要尝试强行推开电梯内门。因为电梯可能突然开动，导致人失去平衡，有可能会掉进电梯井中。

课堂要点： 当电梯事故发生时，不要惊慌，要马上想办法进行自救。自救进行得越及时，受伤的概率就会越小。

家里怎么有个陌生人在翻东西

陈啸的父母都在外地工作，他和奶奶两个人在家。

农历八月初八这天，陈啸舅舅的女儿——他的大表姐要结婚了，父母由于工作原因不能赶回来，就让陈啸去吃喜宴，并把礼金带过去。

喜宴是在酒店里举办的，陈啸吃完后，一个人先回到新房，他刚走到门口，就发现新房的门竟然是半掩着的。

“难道是舅舅有事先回来了吗？”陈啸疑惑地去推门，结果发现屋里乱糟糟的，还有两个人转过身看着他。

“糟了，有小偷来了。”陈啸刚想大喊一声：“抓贼！”可是转念一想：“不行，他们是两个大人，我现在喊抓贼非被他们抓起来不可。”陈啸假装疑惑地朝家里看了看，问道：“请问这是陈华的家吗？”

一个贼不耐烦地对陈啸说：“这里是我家，你走错门了。”陈啸见状连忙收回了踏进门的一只腿，“对不起，我可能是走错楼层了。”他又神色镇定地向两个贼道了再见，并顺手带上了门。

陈啸出来后马上朝楼上走去，其中一个瘦个子的贼不放心，还专门跑出来盯了他一会儿。当他看到陈啸上楼后，才相信他确实是走错楼了。

陈啸来到楼上后，敲响了楼上人家的门，是一位叔叔开的门，陈啸简单地告诉他自己舅舅家有贼光顾，并请求他的帮助。这位叔叔马上拨打 110 报了警，然后又悄悄召集了一些在家的邻居，密切地将陈啸的舅舅家监视起来。

警车悄悄地开到了小区里，并悄悄在陈啸的舅舅家楼下布下埋伏。当两个贼偷了满满两袋东西大摇大摆地走出来时，刚好被逮了个正着。

家里被贼光顾，而且刚好被碰上。如果是身强力壮的大人碰到这种事，根本就不难解决，贼会吓得撒腿就跑。但是，如果是孩子碰到这种事，贼不仅不怕，可能还会伤害到孩子。那么，当发现家里有贼光顾时，孩子应该怎么办呢？作为父母，你可以向孩子传授以下应对盗贼的小计策：

1. 谎称走错了门。发现家里有贼时，可以谎称自己走错门了，然后去找认识的邻居帮忙报警。

2. 谎称家里人马上回来。如果被贼发现了，也不要惊慌，可以告诉他：你们再不走爸爸就要回来了。或者说妈妈去买菜了，很快就会回来。这样

一说，贼因为担心大人回来更麻烦，就会尽快离开。

3. 危急时刻别忘装死。有些贼的行窃行为被发现后，会恼羞成怒，打人甚至是掐人，有时候甚至可能有生命危险。这个时候，千万不要大声喊叫，可以选择装死，也许就能逃过盗贼的毒手。

4. 保住性命最重要。任何时候都要记住：性命才是最重要的。如果发现贼拿了你家的东西，不要为了保护财产而和贼硬拼到底。如果真的被贼威胁生命，不妨告诉他家里平时放钱的地方，让他们自己去找。

5. 要求盗贼把手困在前面。被盗贼捆绑时，可以找个借口让他把自己的手绑在前面，例如，告诉他“捆在后面很难受，不如捆在前面吧”。这样捆绑的人不仅会比较舒服，而且也更容易把绳结弄开。

课堂要点： 发现自己家中有贼时，最要紧的是想办法保护好自己，记住三个原则：不和贼硬拼；关键时刻舍财保命；呼救要等待时机，周围没人时不要大喊大叫，以免激怒盗贼。

空气中有股煤气味儿

下午有一节是安全教育课，班主任老师负责给同学们讲授安全方面的知识。这次老师讲的是煤气安全知识。

“同学们，今天我来给大家讲讲跟煤气有关的安全知识。同学们家里都会用煤气做饭吧？一般情况下，煤气是无害的，不过，如果煤气泄漏，就有可能引起中毒和爆炸等事件，所以，我们平时在使用完煤气后，一定要关好阀门，不要让煤气泄漏出来。”说到这里，老师顿了顿，又开始接着讲。

“如果你们闻到家里有煤气味，那就需要提高警惕，因为很有可能是煤气泄漏，这时候你们需要做两件事。第一，身边有大人就告诉大人，没有大人就自己检查一下煤气阀门是否关好，先关好阀门，再去开门窗通风。第二，如果煤气泄漏是管道破裂，要打开门窗，然后去屋外给煤气公司打电话，记住，一定要去屋外打手机。打完电话后就不要在屋里待了，在外面等煤气公司的维修人员来……”

“老师，为什么煤气泄漏时不能在屋里打手机呢？”乐乐站起来问。

“因为打手机时会有火花产生，在有煤气的屋子里容易引起爆炸。另外一些电器的开关也会有火花产生，例如，电灯开关、排风扇开关，所以如果回家时闻到屋子里有煤气味，就不要按这些电器的开关。”

接下来，老师又给同学们讲了避免和应对煤气中毒的方法，不知不觉间，一节课就过去了，乐乐发现自己又学了不少的新知识。

这天放学后回家，乐乐刚打开家门，就闻到一股浓浓的煤气味。她刚想打开灯看个究竟，突然想起老师说过，发现家中煤气泄漏时，最好不要开灯。于是她赶紧停下了按开关的手，又用手帕纸捂住鼻子，摸黑进入家中，将客厅和厨房的窗户都打开。

做完这些后，乐乐来到屋外，给爸爸打电话说明了情况，并让爸爸打电话找煤气公司的工作人员。

很快，爸爸回来了，煤气公司的排险人员也到了。经过排查后，他们发现乐乐家的煤气管道老化，导致煤气泄漏。乐乐回家时，煤气的浓度就已经很高，如果当时开灯，或者在屋里打电话，都有可能引起爆炸。

最后，煤气公司的技术员帮乐乐家修好了煤气，他们还夸奖了乐乐，如果不是乐乐采取的措施得当，后果将会不堪设想。

煤气是我们在日常生活中经常会用到的一种资源，煤气泄漏在日常生活中也时有发生。有时候，煤气泄漏还有可能酿成悲剧。特别是孩子独自一人在家时，面对煤气泄漏束手无策，或者采取了不当措施，都有可能引起更大的危险。所以，作为家长，很有必要向孩子传授以下知识：

1. 如果闻到家里有煤气味，应马上检查是不是煤气阀门没有关好，确定关好后，马上将家中的门窗打开，关闭正在使用中的电器，然后到室外给煤气公司打电话报修。

2. 晚上回家后，如果开门后闻到煤气味，千万不要开灯，以免引起爆炸。先摸黑将家中的门窗打开，然后到屋外给父母或者煤气公司打电话。在险情未排除前不要进屋。

课堂要点： 闻到煤气味时，一定要谨记两点：不要在有煤气味的屋子里打电话，不要开灯。

打雷了，电视马上关掉

暑假里，培培一个人在家，电视机里正在放他最喜欢的一档少儿节目。突然，外面刮起了大风，一会儿又开始电闪雷鸣，白天变得像晚上一样黑，培培不得不打开电灯。

节目太精彩了，两组小朋友正在主持人的带领下玩游戏，游戏结束后，裁判将会给两组小朋友评分，然后分出胜负。两组小朋友之间的竞争越来越激烈，培培看得目不转睛。

雷声越来越响，可是培培仿佛没听见一样，两只眼睛依然紧紧盯着电视机。此时，他早已将妈妈说的“打雷天要关电视机”的叮嘱抛到九霄云外去了。

一阵闪电过后，电视机的屏幕突然一黑，接了又亮了。培培这才想起妈妈告诉过自己，打雷天是不能看电视的。

“再看一会儿吧，结果马上就会出来，我希望是红队胜，不过现在他们的比分都差不多，蓝队也有可能胜。”培培正在焦急地等着节目播完，突然，又是一阵闪电，电视机闪了一下，然后直接变黑了。培培等了一下，电视机的屏幕上还是一片黑，他只好关了电源，又拔了机顶盒线。

晚上，爸爸准备开电视看新闻联播，可是电视机怎么也打不开。

“培培，电视机怎么了?”爸爸问。

“我也不知道，下午打雷的时候它就自己关了。”

“是吗？打雷的时候你没有关电视机?”爸爸有点生气地问道。

培培知道自己做错事了，站在那儿一句话都不敢说。

第二天，爸爸请来了社区里的电视维修人员，经过他的一番整修后，电视又可以看了。修电视机的叔叔还告诉培培：“遇到打雷天，一定要马上把电视机关掉，把电源和机顶盒的线都拔掉，不然电视机还有可能发生爆炸呢!”培培从来没想到打雷天看电视会有那么严重的后果，从那以后，他再也不敢在打雷天看电视了。

我们经常听人说：雷雨天不能看电视，不能开电脑，也不能使用太阳

能热水器洗澡，为什么会这样呢？这是因为在雷雨天气里，看电视、使用电脑或者其他一些电器时，电器有可能会被雷击坏。如果外面正在打雷，也不要用太阳能热水器洗澡，因为有可能在洗澡时被雷击中。这些都是和我们自身的安全息息相关的问题，所以，父母们不仅自己要注意，还要告诉孩子雷雨天该如何使用电器。

1. 发现打雷闪电时，如果正在使用电视、电脑，要马上关闭。除此之外，还要把所有的电源插座及有线电视机顶盒的线都拔下来。因为有线电视的机顶盒是连接到室外的，很容易遭到雷击。如果不拔除机顶盒线，即使已经关闭电视机，也有可能被雷击坏。

2. 打雷闪电时，不要使用太阳能热水器洗澡，否则在洗澡时有可能会被雷电击中。

课堂要点： 打雷天，一定要及时关闭电视电脑等电器，不要拖延，也不要存在侥幸心理。

原来吃饭也会中毒

仔仔过十岁生日的那天晚上，爸爸妈妈带他去海鲜城美美地吃了一顿海鲜。吃完后回到家，仔仔看到爸爸买回来的新鲜葡萄，又忍不住洗了一串吃起来。

香甜多汁的葡萄真是美味，仔仔一个又一个地往嘴里送。正吃着，突然，他感到一阵肚子疼，赶紧朝厕所冲去。

出来以后，仔仔的肚子还是在疼。

“爸爸，我肚子疼。”仔仔苦着脸说。

“宝贝儿子，怎么了？刚才不还好好的吗？”爸爸赶紧走过来，摸了摸仔仔的额头。

“没有发烧，难道是食物中毒吗？”

“爸爸，我没吃有毒的食物，我就吃了海鲜和葡萄。”一听爸爸说中毒，仔仔连忙抢着解释。

“儿子，食物中毒不一定是吃了有毒的食物，有可能是吃了不干净的食物，或者同时吃了两种不宜一起吃的食物。”

“爸爸，那现在怎么办？我的肚子好疼。”仔仔觉得自己的肚子从来没有这样疼过。

爸爸记得在急救类的书上看到过相关的知识，其中提到葡萄和海鲜不能一起吃，如果吃了，就要马上催吐。

于是，爸爸赶紧洗干净手，又让妈妈拿来一个盆子，让仔仔坐在盆子前面，然后爸爸用手在仔仔的嘴里掏了几下，仔仔感到一阵恶心，一下子就吐了出来。

吐完以后，仔仔感觉好了一点，但肚子还是有点疼。

“我们还是送仔仔去医院吧。”妈妈说，爸爸同意了她的建议，由爸爸带着妈妈和仔仔去医院。

医生给仔仔做了一些处理后，又给他开了一些药。

临出院时，医生叮嘱仔仔：“海鲜不能和水果一起吃，所以，以后再吃海鲜时，要隔段时间才能吃水果。”

“医生伯伯，为什么海鲜和水果不能一起吃呢？”仔仔对这个问题感到很好奇。

“你想知道吗？那你先回答我一个问题，你吃完梨后，有没有拉过肚子？”

虽然仔仔不明白医生伯伯为什么要问这个问题，不过他还是认真地想了一下。

“有一次，我连着吃了两个雪梨，过一会儿就开始拉肚子了。”

“知道为什么吗？因为梨是‘寒凉性’食物，一次最多只能吃一个，如果吃多了就会拉肚子。海鲜和水果也都是‘寒凉性’的食物，如果大量吃海鲜，也有可能导致拉肚子。另外，海鲜中有很多你们长身体需要的蛋白质和钙质，而一些水果中的鞣酸会跟钙质结合，形成一种难以消化的物质，这种物质会让你的肠胃不断受刺激，导致你肚子疼，身体不舒服。严重的还会导致肠胃出血呢。”

听了医生伯伯的话，仔仔才明白乱吃东西的严重性。回到家后，他又和爸爸一起上网查了一些资料，才发现原来吃东西也大有学问。

生活中，食物中毒通常是由两种原因引起的，一种是吃了被细菌污染的食物，如比较脏的食物或者是过期食物。另外一种就是同时吃了两种“相克”的食物。

如果是不小心吃了被细菌污染的食物，会出现这些症状：饭后1～24小时内出现不适症状，如恶心、腹痛、剧烈呕吐、腹泻，严重的还会出现休克。作为父母，一定要告诉孩子食物中毒后的自救措施，让他们在吃了不干净的食物时能及时进行自我救护。

一旦发现自己食物中毒，可以采取以下措施：

1. 催吐。如果在吃完东西后的1～2个小时内出现中毒症状，可以采用催吐的方法自救。催吐方法有三种：① 取食盐20克，加开水200毫升，放温后一次性喝下。如果喝一次没有效果，可多喝几次，能起到催吐的作用；② 取100克新鲜的生姜，捣碎之后加上200毫升温水一起喝下；③ 用手指

或筷子刺激咽喉部位，能起到催吐的作用。

2. 导泻。如果是在吃完东西 3 小时或者更久才出现中毒症状，但精神较好，可服用泻药，促使有毒的食物尽快排出体外。

3. 解毒。如果是吃了被病菌污染的鱼、虾、蟹等导致中毒，可取食醋 100 毫升，加水 200 毫升，混合后一次性服下，能起到解毒的作用。

4. 防患于未然，有些食物不要吃。为了防止食物中毒，以下几类食物尽量不要吃：

（1）变色、变味、发臭的腐败食物，吃剩饭前必须要炒热或者放在汤里煮沸。家里切生熟食的道具和砧板应该分开，以防熟食被不干净的生食污染。

（2）不吃病死及未经检疫的猪、牛、羊、狗等动物肉。

（3）不吃不认识的野菜和蘑菇、土豆发芽的部分、没有烧熟的四季豆及霉变的甘蔗。

（4）不同时吃“相克”的食物，如海鲜和葡萄不能同时吃、菠菜不能和豆腐同吃、鸡蛋和消炎片不能同吃等。

（5）不喝没有煮沸的豆浆。

课堂要点： 发现自己食物中毒后，要立即进行催吐和导泻。然后请求周围的人送自己去医院，医生会根据具体情况进行洗胃、导泻、灌肠等治疗。

宝贝，和妈妈约定
不让自己受伤害

家里起火怎么办

读故事学安全

周六这天，洋洋的爸爸出差了，妈妈加班，洋洋就把好朋友童童和小加请到家里去玩电脑游戏。

他们正玩得起劲，突然，电脑屏幕一暗，停电了。紧接着，一股怪味飘进了屋里。

“什么味道？好呛啊……”洋洋正准备打开门看个究竟，突然听到外面有人大声喊：“起火了，起火了！”

听说失火，他们一下子呆住了。童童和小加吓得边叫边往大门那里冲过去。

“等等，你们等一下。”洋洋急忙叫住他们俩，“你们先不要慌张。老师说过，遇到火灾时要保持镇定，想办法逃出去。”

“那怎么办呢？”童童此时已经是一脸惊恐的表情，小加也吓得脸色发白。

洋洋也有一点慌张，不过，老师之前曾给他们讲过火灾逃生的相关知识，而且学校还组织过类似的逃生演习，洋洋还算是懂得一些火灾现场的逃生知识。

“快点，我们去把毛巾打湿，捂住嘴巴和鼻子！”说完洋洋第一个冲向浴室，童童和小加也跟着冲了过去，他们一人拿着一块湿毛巾捂着口鼻。小加转身就向门口跑去，他打算打开门逃出去。

“等等！”洋洋又叫住了小加，“你先用手试试门拉手的温度。”

小加伸手碰了一下门拉手，马上大叫着：“好烫，好烫！”

“看来火已经烧得很猛了，我们去拿被子。”洋洋把爸爸妈妈床上和自己床上的被子都找出来，浇上水，然后一人披一条。

“快趴下来，我们爬着出去！”

“我们为什么不跑出去呢，那样不更快吗？”童童说着就要向前冲去。

“不行，现在烟太大了，站着跑会呛到的。”洋洋说完自己先趴在地上，童童和小加也学着他的样子趴着。在距离地面近的地方，新鲜空气确实要多一些。

洋洋在前面带路，童童和小加跟在后面。洋洋一直朝着楼梯间的方向爬去，童童感到很疑惑，一把拉住了洋洋。

“我们干吗不乘电梯，那样不更快吗？”

“不行，电梯估计也停电了，就算现在没停，过会儿也有可能停，到时候我们被困在里面就糟了。”

童童这才恍然大悟，跟着洋洋爬到了楼梯口。在那里，下面的浓烟直往上面涌，洋洋连忙转过身。

“你们快转过去，别被烟呛着了。”

童童和小加同时转过身去，小心翼翼地下到了楼梯。他们刚下到一楼，早就等在那里的消防员就把他们抱了出去。

俗话说，水火无情。家庭起火，往往会猛烈燃烧，火势蔓延较为迅速。如果救火不及时，就有可能造成更大的损失，有时还会殃及四邻。因此，对孩子来说，从小就了解和掌握一些火灾的应对常识是非常重要的。

那么，当家庭火灾发生时，孩子应该做些什么呢？

1. 保持冷静，及时报警。发现家里着火时，如果火势较大，一定不要惊慌，头脑要保持冷静，想办法采取措施。一方面要及时向消防队报警，另一方面要向离自己最近的人求援。

2. 及时逃离，不要留恋家中的财物。如果楼梯已经被火和烟雾封锁了，就不要从楼梯走，否则容易被烟火熏倒或者烧伤。

3. 发现无路可逃时，马上找到一个还没有燃烧的房间，进去后把房门紧紧关住。在房间里躲避火灾时，别忘了去窗户边或者阳台上呼救。如果房间里有阳台，要马上退到阳台上去，关上阳台的门。

火灾时，尽量不要去狭窄的角落躲避，如墙角、桌子下面、大衣柜里等。

4. 如果烟雾已经弥漫得到处都是，要找来一块湿毛巾捂住口鼻，然后弯腰低头迅速逃离火场。烟雾越是浓，越要尽可能的降低身体，或者干脆匍匐着快速爬走。

5. 如果衣服已经着火，要尽快脱掉，扔到地上将火扑灭；如果来不及脱掉，就躺在地上翻滚几下，然后再用水浇灭。千万不要带火奔跑，否则有可能使身上的火越烧越大。

课堂要点： 当发现家里起火时，能马上逃就要马上逃，不要留恋家里的财物。不能马上逃，也要想办法躲起来或者冲出去，不要坐以待毙。

电视机着火了

放学后，菲菲磨磨蹭蹭地不想回家，因为爸爸妈妈今天都要晚下班，菲菲可不想一个人在家里待着。她看到同学小昭也要一个人回去，就凑了过去。

“小昭，你想去文艺公园玩滑滑梯吗？那里可好玩了！”

“是吗？我很想去，可是爸爸妈妈让我早点回家。”小昭为难地说。

“你就跟爸爸妈妈说你去同学家玩了，我们先去公园里玩一会儿再回家，好不好？”

“不行，爸爸妈妈不让我回家太晚，他们会担心的。对不起啊菲菲，我要回家了。”小昭说完就走出了教室。

菲菲看了看教室，除了她之外，剩下的都是当天做值日的同学，而且留在教室里也实在没什么事情可做。

“还是回家吧，回家还有电视看。”菲菲决定还是早点回家去。

菲菲从小区里的快餐店打包了一份晚饭带回去，然后坐下来边吃边看电视。吃完饭后，她又拿出作业来，边看电视边做作业。

一会儿，妈妈回来了。

“菲菲，我跟你说过多少次了？不要边看电视边做作业，你怎么又这样呢？快去你自己的房间！”

“等一下，让我把剩下的一点看完我就去。”菲菲目不转睛地看着电视。

“好吧，看完了马上回你房间做作业去。”

妈妈说完就忙自己的事情去了，菲菲还坐在电视机前看。菲菲正看得津津有味，突然，电视机发出“啪”的一声响，接下来菲菲看到电视屏幕变成了黑色，电视机的背面冒出了黑烟。

“妈妈妈妈，电视机冒烟了!”菲菲吓得赶紧大声喊妈妈。妈妈闻声跑了过来，此时，电视机上不断冒出黑烟，屋子里有一股塑料烧糊了的味道。妈妈连忙把电视机电源拔掉，可此时电视机的外壳都已经起火了，黑烟还在不断地冒出。

“菲菲你离电视机远一点，我去拿一床被子来。”

“妈妈，我去接水。”菲菲说着就往卫生间奔去。

妈妈把被子盖在电视机上后，又接过菲菲手中的水盆，把水全泼在被子上，正在冒烟的电视机突然发出“啪”的一声巨响。幸好电视机用湿被子盖着，屏幕的碎玻璃渣才没有溅到妈妈和菲菲的身上。

菲菲吓得躲到了妈妈的后面。

“妈妈，你怎么不直接把水泼在电视机上，现在把被子也弄脏了。”菲菲有点惋惜地说。

“不能直接往燃烧的电视机上泼水，不然电视机发生爆炸时，那些碎玻璃渣子会飞出来伤到人的。你看，有了这床被子，玻璃渣不都没有飞出来吗?”

接下来，妈妈又往盖在电视机的被子上泼了好几盆水，直到看不到有烟冒出来。

生活中，家电爆炸并不是很常见，但是一旦遇上了就非常危险。特别是孩子独自一人在家时，遇到家电爆炸的情况，往往不知道如何去采取正

确的自救措施。所以，父母有必要帮孩子补习一下家电爆炸时的救灾常识。

那么，当发现家电爆炸时，应该如何扑救呢？

1. 如果电器在开机状态下，应立即关机，拔下电源插头或拉下总闸。

2. 不得用水扑灭电器里的火，否则有可能引起电视机显像管炸裂伤人。

3. 爆炸后的电器未经修理，不要私自接通电源使用，以防触电，或者发生更大的火灾事故。

4. 在没有切断电源的情况下，千万不能用水或者泡沫灭火器扑灭电器的火灾，否则，扑救人员随时都有触电的危险。

5. 在所有的电器爆炸事故里面，电视机和电脑爆炸是最危险的。如果电视机和电脑爆炸起火，应及时关掉电源，拔下插头，即便如此，电视和电脑的荧光屏和显像管也有可能会发生爆炸。

课堂要点：发现电器爆炸着火时，要切记两点：1. 要切断电源，然后再灭火。2. 不要直接往电器上泼水，否则会引起爆炸。

洗澡也要注意安全

八岁的小美还不会自己洗澡，这天，妈妈有自己的事情要忙，就让小美自己学着洗澡。

“小美，妈妈今天要加班把学生们的作业改完，你要自己洗澡，先去把浴缸放上热水吧。”

小美按照妈妈说的去给浴缸放水，她学着妈妈的样子打开了热水龙头。

过了一会儿，妈妈走进浴室，用手试了试浴缸里的水温。

“哎呀！好烫，小美你刚才只放热水了吗？”

小美点点头，“是呀，洗澡肯定要用热水的。”

“我知道，可是只放热水就太烫了，还要加点冷水在里面。而且你要记住，以后放水的顺序是先放冷水，然后再放热水。你看你，放这么大一缸热水在这里，要是不小心掉进去了，那多危险呀。”

小美还没想过这个问题呢，听妈妈这么一说，才意识到放水顺序也很重要。

妈妈拧开了冷水龙头，往浴缸里放入冷水，放冷水的过程中，妈妈不断地用手试水温，一直到温度合适了才关掉水龙头。

“可以开始洗了。”妈妈指指浴缸说。小美赶紧脱了鞋子和袜子，光着脚走过浴室的地板，来到浴缸前。

“等等！以后你进浴室的时候记得穿上防滑拖鞋，光着脚丫子多危险啊，一不小心就会摔倒！”

小美一听，连忙回到浴室门口，穿上放在那儿的防滑拖鞋，再次来到浴缸前。

“好了，现在你自己洗澡吧，按照我平时帮你洗的方式就可以了。”妈妈说完就走出了浴室。

小美第一次给自己洗澡，三下两下就洗完了。她从浴缸里爬出来，还没站稳就摔了一跤。原来，小美用完肥皂后顺手就放在了浴缸沿上，滑腻的肥皂一下子就掉到地上去了。小美从浴缸里出来时，刚好一脚踩在肥皂上，结果滑倒了。

妈妈听到响动，连忙跑进浴室，发现小美正仰面朝天地躺在地上。一见妈妈来了，小美马上大哭起来。

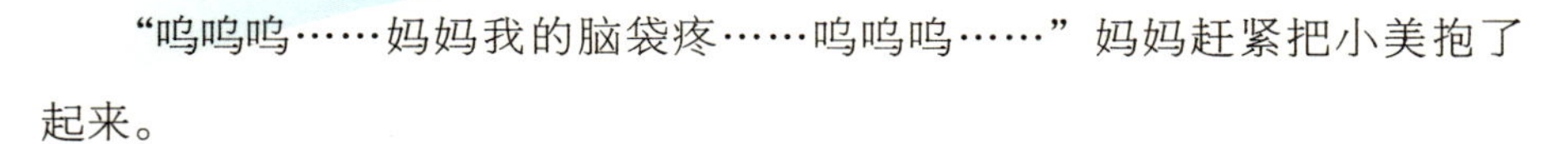

“呜呜呜……妈妈我的脑袋疼……呜呜呜……”妈妈赶紧把小美抱了起来。

“让你小心一点，你怎么还滑倒了呢？”妈妈边给小美穿衣服边责备道。

“是香皂把我滑倒的，我没想到地上会有一块香皂。”

“小美，以后洗澡，你要特别注意，别把香皂乱放，不然很容易就会被滑倒的你懂吗？”妈妈有些生气地说。

妈妈又帮小美检查了一下她的头部，没有看到明显的伤痕，这才放下心来。

洗澡可以消除疲劳，促进健康，是一件非常享受的事。但是，并不是每个人都能享受洗澡，有的人在洗澡时，会出现心慌、头晕、四肢乏力等症状。严重时还会晕倒在浴室中，如果此时家里没有其他人，很有可能会因为长时间缺氧而窒息。所以，孩子在洗澡的时候，也应该注意相关的安全问题。

那么，作为父母，应该告诉孩子哪些关于洗澡的安全知识呢？

1. 不要长时间在完全密闭的浴室中洗澡，应该适当缩短洗澡时间，特别是有心绞痛和心肌梗死的患者。另外，在洗澡前，可以先喝上一杯温热的红糖水。

2. 平时要注意锻炼身体，增强体质。

3. 每次洗澡前先做热身活动，或者用干毛巾擦热身体，但不要做过于剧烈的运动。

4. 在浴室内安装换气电风扇，这样，即使在门窗紧闭时，浴室内依然有新鲜空气输入。

在洗澡时出现异常，如感觉到头晕、气短、心悸时，趁还有自救的能

力，就要采取以下自救措施：

1. 立即离开浴室，并喝上一杯热水，然后躺下，慢慢就会恢复正常。

2. 如果感觉症状较重，在平躺的同时，最好用身边可取到的书、衣服等，把腿部垫高。待感觉稍微好一点后，再穿上衣服，并把家里的窗户打开通风，头向窗口，这样很快就能恢复过来。

3. 如果感觉想要呕吐，不必强忍着不吐，可以让自己吐出来，这样感觉会好一点。

4. 如果感觉非常难受，而且四肢无力，自己无法自救时，最好能通过一些方法向他人求救。

课堂要点： 安全洗澡的要诀：尽量保持浴室的空气流通，如果在密闭的环境中，就要快速洗完，不要拖延。

安全小测试

这一章的学习结束了，你学到了多少安全知识呢？我们可以通过下面的自我测试来检测一下。

1. 使用电器时被电到，你应该：

   a. 马上停止使用电器，拔掉电器电源，并告诉爸爸妈妈

   b. 继续使用电器，不告诉爸爸妈妈

   c. 不告诉爸爸妈妈，自己拆开电器检查原因

2. 下面的哪种做法不易导致触电？

a. 刚洗过手未来得及擦干就去拔电插头

b. 在电线杆附近放风筝

c. 在有“高压危险”字样的高压设备 5 米外行走

3. 看到高压线坠地时，你应该：

a. 跑过去用手抓

b. 大步跑着离开

c. 小步快走着远离坠地高压线

4. 被烫伤时，下列哪种做法是错误的？

a. 将烫起的水泡挑破

b. 用自来水冲烫伤部位降温

c. 抹上豆浆或食用油

5. 吃饭时被噎着了，下面哪种做法是错误的？

a. 喝一口水把喉咙里的食物带下去

b. 大声咳嗽，把食物咳出来

c. 用手轻捶后背或者前胸

6. 发现被爸妈反锁在家里时，你应该：

a. 爬上窗台，看看能不能从窗户里出去

b. 在家里等着爸爸妈妈归来

c. 把钥匙拿给陌生人，让其帮忙开门

7. 发现电梯门打不开，你应该：

a. 吓得大哭，不知所措

b. 用手使劲拍门

c. 马上按响电梯里的警铃，或者拿起电话报警

8. 进到家里，发现有陌生人翻东西时，你应该：

a. 假装走错了门，马上离开，然后去找大人帮忙或者马上报警

b. 马上转身就跑

c. 大声喊“抓小偷”

9. 如果你进家门时，闻到屋里有很浓的煤气味，你进屋后会首先？

a. 打开灯检查

b. 赶紧打电话报警

c. 马上打开所有的窗户

10. 你正在看电视时，突然打雷了，你应该：

a. 马上关掉电视，把电源插座也拔掉

b. 等正在看的节目放完后再关电视

c. 若无其事地继续看电视

11. 下列哪些食物容易引起中毒？

a. 剩饭剩菜

b. 发芽的土豆，未煮熟的四季豆、扁豆、豆角，变质的甘蔗

c. 颜色鲜艳的蔬菜

12. 发现食物中毒后，自己能采取的最有效的一项应急措施是什么？

a. 多喝开水

b. 找解毒药

c. 催吐

13. 变质食物可以食用吗？

a. 可以食用

b. 重新加热、可以食用

c. 重新加热、也不能食用

14. 睡觉时被烟呛醒，你应该：

a. 迅速下床冲出房间

b. 穿好衣服然后冲出房间

c. 不知所措，喊爸爸妈妈救自己

15. 发生火灾时，拨打 119 报警，下列哪种做法不正确？

a. 向对方说明失火的具体地点

b. 给消防人员留下在场人员的手机号码、姓名

c. 接通电话后，告诉对方“这里失火了”，然后马上挂断电话

16. 火灾发生时，常常伴随着烈焰、高温、烟雾、毒气等，以下保护自己的措施中，哪一条是不正确的？

a. 在火场中站立、直行，并快速呼吸

b. 迅速躲避在火场的下风处

c. 用湿毛巾捂住口鼻，必要时匍匐前行

17. 当身上衣服着火时，哪种做法不正确？

a. 赶快奔跑灭掉身上的火苗

b. 就地打滚压灭身上的火苗

c. 用手拍打火苗，尽快撕脱衣服

18. 房屋着火时，所有的通道都被大火堵死，下列方法不妥当的是：

a. 立即从楼上往下跳

b. 如果被困在二楼，先向下面扔一些被褥和坐垫等，然后攀着窗口或阳台往下跳

c. 转移到比较安全的房间里或者阳台上，耐心等待消防人员援救

19. 家中电视机着火了，错误的做法是什么？

a. 迅速拔掉电器电源插头，切断电源

b. 用灭火器直接对着荧光屏灭火

c. 用水灭火

20. 有关洗澡的注意事项中，下列哪一项不正确？

a. 进浴室时要穿防滑拖鞋

b. 放水顺序是：先放热水，再放冷水

c. 肥皂要放在固定的安全的地方

点评：

以上测试题的答案分别是：

1～5：accaa

6～10：bcaca

11～15：bccac

16～20：caacb

计分说明：答对一题得 1 分，累计得分。及格为 12 分，满分为 20 分。

得分在及格分以上，让妈妈奖励你一朵大红花或者一个大苹果吧，因为你已经基本具备了“小鬼当家”的资格，能够正确地处理一些日常生活中的问题，不过还需要努力做得更好。

如果得分在及格分以下，那可一定要听爸爸妈妈给你讲解相关的安全知识，不妨让爸爸妈妈抽时间再给你讲解一遍相关的安全知识，并重新把这些题目做一遍，你将会发现自己又会有新的收获。

第二章

小小家庭医生

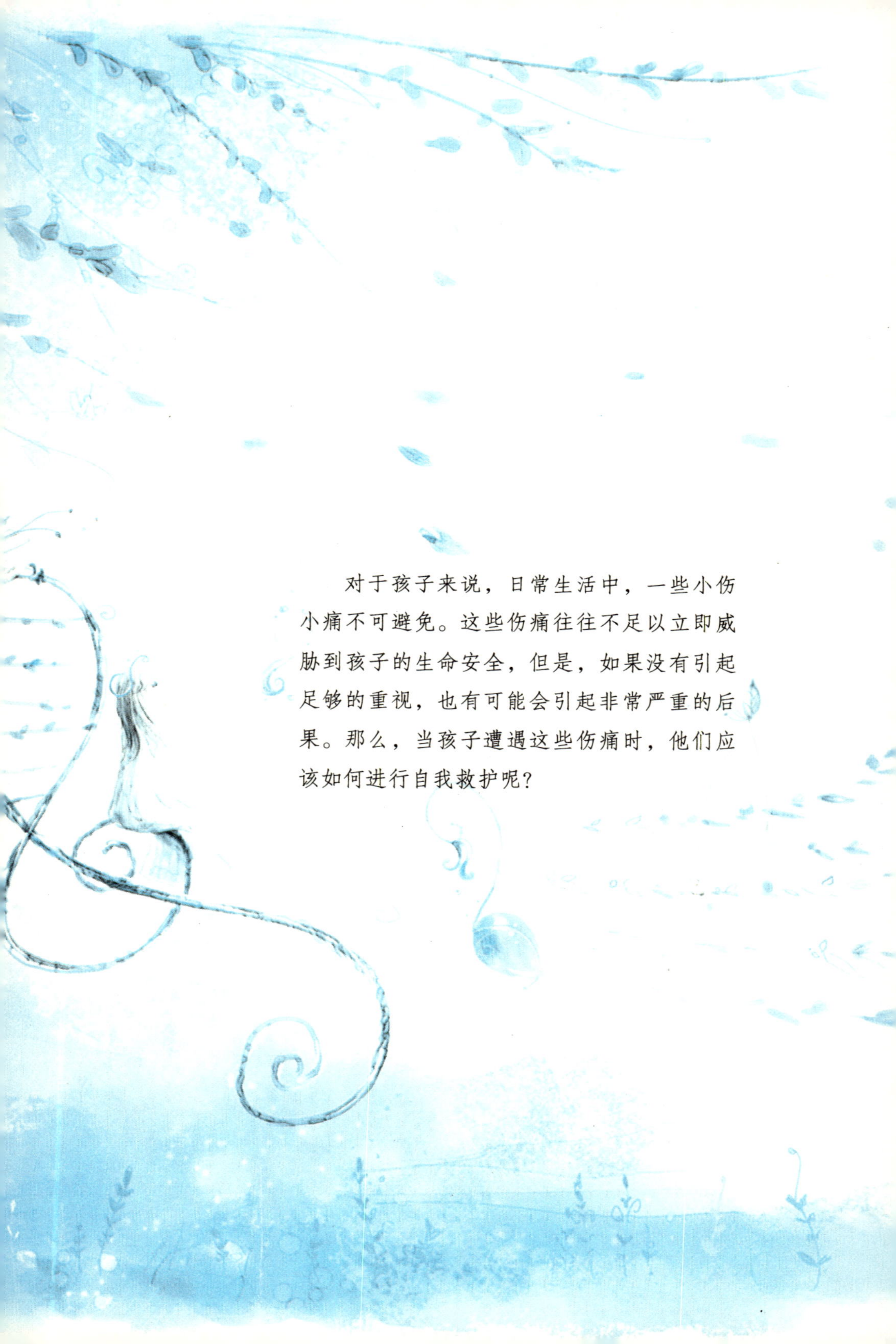

对于孩子来说，日常生活中，一些小伤小痛不可避免。这些伤痛往往不足以立即威胁到孩子的生命安全，但是，如果没有引起足够的重视，也有可能会引起非常严重的后果。那么，当孩子遭遇这些伤痛时，他们应该如何进行自我救护呢？

小鱼儿来复仇了

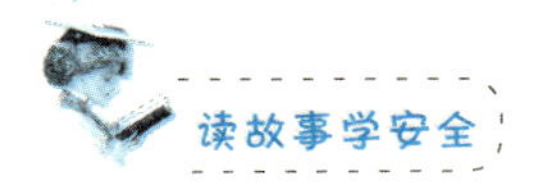

晚上，贝贝和爸爸妈妈像往常一样，围着餐桌，其乐融融地吃着晚饭。

桌上的菜很丰盛，有四菜一汤，汤是鱼汤，贝贝的最爱。突然，贝贝张着嘴大叫一声，爸爸妈妈都被这叫声惊住了，立刻朝贝贝看了过去，发现她把右手伸进了嘴里，在里面不停地掏啊掏，好像有个什么东西在里边。

“贝贝，怎么了?”爸爸着急地问道，贝贝也不说话，用手指头往喉咙里指了指，然后又指了指桌上的鱼汤。

“贝贝，鱼刺卡在你喉咙了是吗?”妈妈一脸焦急地问。贝贝点点头。

妈妈赶紧找来做菜用的食醋，她记得一位朋友说喝醋能把鱼刺软化掉。贝贝还没喝过醋呢，张着嘴就往里面倒。醋可真难喝呀，贝贝差点就都吐了出来。

“贝贝，快喝下去，喝下去鱼刺就会跟着掉下去的。”妈妈站在一旁鼓励贝贝。贝贝强忍着难受把醋吞了下去，“下去了吗?”爸爸紧张地盯着她问。贝贝摇摇头，那根鱼刺还在她的喉咙里卡着。

爸爸见状又赶紧到网上去查，看到有人说干吞馒头可以把鱼刺带下去，家里刚好有早上剩下的馒头，他赶紧让妈妈拿来给贝贝吃。

贝贝小心翼翼揪下一块来塞进嘴里，嚼了几下就吞了下去，可是喉咙却更疼了。妈妈还让她吃第二口，可是贝贝说什么都不肯再吃。

爸爸还准备在网上查查看，妈妈却着急了。“我们还是送贝贝去医院

吧，这种情况医生见得多了，他们肯定有办法。”

很快，爸爸叫来了出租车，带着贝贝来到医院。医生让贝贝张着嘴，又用专用的手电筒照了照，发现鱼刺就卡在贝贝喉咙口处，于是用一只消过毒的镊子帮她取了下来。

鱼刺卡喉的经历应该很多人都有过吧，一根鱼刺卡在喉咙里不上不下的，还隐隐作痛，这对谁来说都不是一段美好的经历。而且，如果不能及时把鱼刺取出来或者咽进肚子里，将有可能会引起非常严重的后果。

孩子吃鱼时没有大人有经验，往往会不小心被鱼刺卡住，这时候，他应该怎么办呢？

1. 鱼刺卡喉时，民间流传采用吃饭或者吃馒头把鱼刺带下去的方法，其实，这种方法最好不要采用。采用吞米饭或者吞馒头的方式有一定的效果，有时候确实能将鱼刺带下去。但也有可能让鱼刺划伤喉咙，导致发炎感染甚至更严重的后果。

2. 发现鱼刺后，可以让身边的人帮忙用汤匙或牙刷柄压住舌头的前部，在光亮处仔细察看鱼刺是否卡在舌根部、扁桃体、咽后壁等，如果能够看见鱼刺，再用镊子或筷子夹出。

3. 如果实在找不到好的方法对付鱼刺，不要将时间花在寻找偏方上，最好是能及时去医院进行治疗。

课堂要点：鱼刺卡喉并不是什么大问题，但是，如果不引起注意或者乱用偏方，则有可能导致更为严重的后果。

糟糕！被小狗咬了

安迪和妈妈一起去妈妈的同事刘阿姨家串门，妈妈和刘阿姨聊天，安迪独自坐在那里看动画片。

刘阿姨家养着一只花白小狗，浑身上下肉嘟嘟的，走起路来一摇一摆，非常可爱。安迪平时最喜欢狗，看到小狗后高兴得不得了，马上追着小狗跑。

小狗好像要故意逗安迪一样，兴奋地和他玩起了“躲猫猫”的游戏。刘阿姨看安迪那么喜欢狗，就说：“这小狗是我从朋友家抱过来的，还不到一岁，特别温顺，从不咬人，你怎么跟它玩都可以。”

安迪追着小狗跑了一会儿，但是小狗无论如何都不让他靠近自己。安迪想了想，想了一个好办法，他马上跑去向刘阿姨要来了狗粮。

“小狗，过来，我这里有你最爱吃的狗粮。”

小狗仿佛听懂了安迪的话，朝他这边走了几步，然后站在那里摇着尾巴看着安迪。

“过来呀，过来我喂你。”安迪摇了摇手里的狗粮，可是小狗一点都不给他面子，就是不肯向前。安迪又拿来小狗吃饭的盘子，把狗粮倒了一点在盘子里，然后把盘子推到小狗的面前。

这次小狗没有客气，埋着头吃了起来。趁小狗在吃饭，安迪赶紧朝它靠近了几步，小狗没有躲开，继续在那里埋着头吃。

“哈，我要抓着你了！”安迪心中暗喜，他试探性地用右手摸了摸小狗，小狗吃得太专注了，任由他抚摸。看到小狗吃东西时可爱的样子，安迪忍不住想要把它抱起来。小狗正吃得香呢，安迪却突然把它抱了起来，小狗顿时就生气了，扭头在安迪的右手上咬了一口。

安迪大叫一声，连忙丢下小狗。妈妈和刘阿姨跑过来时，发现安迪的右手流着血，而小狗还在吃东西，它还不知道自己闯祸了呢。

刘阿姨连忙拉着安迪来到自来水前，用最快的水速对安迪手上的伤口进行冲洗，边冲边挤压伤口周围的皮肤，几分钟后，刘阿姨才用毛巾帮安迪把手擦干，然后开车送他去医院。

在医院里，经过医生的紧急治疗和防疫处理后，安迪的伤口已无大碍。

狗虽然是我们的朋友，但是它们的牙齿上带有各种各样的细菌和病毒，如果人被狗咬伤，病毒会通过伤口进入体内，引发疾病，甚至造成伤风和死亡。如果是被疯狗咬伤，还有可能感染狂犬病毒，引发狂犬病致死。所以，被狗咬伤是一件非常危险的事，作为父母，应提前告诉孩子下面这些知识：

1. 不要去逗不认识的狗，更不要逗正在吃东西的狗，因为狗吃东西时最专注，也最讨厌有人跟它抢。有的小朋友看到小狗被自己惹急了的样子十分可爱，就忍不住要去逗它，其实这是在逼小狗咬人。

2. 被狗咬伤后，要立即用清水冲洗伤口，而不是直接送去医院。因为小狗的牙齿上常常带有病毒，它们咬人之后，病毒会残留在伤口里面和伤口周围，如果不及时冲去，这些病毒就有可能进入人体组织，最终对人的脑部造成损伤，甚至是导致死亡。

所以，被狗咬伤后，要马上来到自来水管前，用快速流动的自来水进行冲洗。在冲洗的过程中，要不停用手指挤压伤口周围的软组织。如果在

室外不方便找自来水，也可以用自己的尿液冲洗。

3. 不要包扎伤口。如果伤口不是特别大，流血不是很严重，就不要包扎，也不要上任何药物。这是因为狂犬病毒非常讨厌氧气，包扎伤口后，氧气不能进入到伤口里，狂犬病病毒会趁机大量生长，给人体造成更为严重的伤害。所以，冲洗伤口之后，只需要涂上碘酒消毒即可，不需要包扎和涂抹其他药物。

4. 去最近的医院治疗。消毒完之后，可不要以为万事大吉了，还是要马上去医院进行专业的治疗。打狂犬病疫苗的最佳时间是被咬伤后的 12 个小时以内，所以最好选择去较近的医院。

课堂要点： 被狗咬伤后，切记要做到三点：用清水冲洗伤口；不要包扎伤口；尽快去医院进行治疗。

哎哟！把头磕破了

星期六的早上，小亚和爸爸妈妈一起围着餐桌吃早饭，小区里的一个小伙伴跑来敲门。

“走！我们踢足球去!”小亚一听，马上放下碗筷，跟着小伙伴跑下楼去。

小区里有一块运动场，平时没什么人，一到周六日就被小区里的一群孩子们占领了。小亚一到广场上，就发现经常一起玩的几个小伙伴也都在那儿。

一群小伙伴们追着一个足球跑，小亚冲过去，加入到他们中间，和他们一起抢球。这时，球朝着一个小伙伴那边飞了过去，追着球跑的几个小伙伴马上也追了过去，小亚跑在最前面。

球刚到那个伙伴的面前，他就飞起一脚踢了过去，没想到慌乱中踢偏了，没有踢到球，反而踢在了小亚的额头上，小亚当即“哎哟”地大叫一声坐在了地上。这一脚可真够重的，把小亚的额头都踢破了皮，伤口还在往外面渗血。

那位小伙伴见自己闯了祸，连忙主动扶着小亚回家。爸爸妈妈还没出门，一看到小亚的样子，妈妈连忙拿来了家里的医药箱。

妈妈先用生理盐水帮小亚清洗了伤口，擦干后，又用药棉在伤口处涂抹上红药水，然后才让爸爸带着他们去医院。

在医院里，医生对小亚的头部进行了检查，确定没有内伤后，又对他的伤口进行了清洗，并涂上药，又将伤口包扎好，他们这才回到家去。

磕磕碰碰在孩子的生活中非常常见，一不小心就有可能伤到头部。而头是我们的首脑，头部受伤，有时候还会对我们的生命造成威胁。那么，当孩子的头部受伤时，他们应该如何自救呢？

1. 磕到头部要小心。有些孩子在奔跑、攀援、玩耍的过程中，撞到头部后，他们会自己摸摸头，没有发现伤口，就以为没有受伤。其实，这种情况下，有可能受的是内伤。所以，不要以为还能继续乱跑乱跳就是没有大碍，在接下来的时间里，还要细心观察自己是否会出现以下不舒服的症状：严重的头痛、呕吐、昏昏欲睡、说话时吐字不清、站立或行走不稳等。如果发现有这些症状，要马上向周围人求救或者打电话叫救护车。

2. 外伤明显时要立即采取行动。如果头部有明显的损伤，如头骨有凹

痕或者出血时，就需要立即采取以下措施：

① 如果家里有人，马上让身边人送你回家。如果家里没有人，或者独自一人受伤时，可以自己拨打“120”，或者就近找人帮自己打电话求救。

② 如果伤口上附着有脏东西，用生理盐水或者肥皂水清洗伤口，但不要试图去除粘在伤口处及凸出于颅骨外的东西。清洗完后用消毒棉抹上一些红药水或者紫药水。

③ 清洗完后尽快去医院，以免耽误最佳治疗时机。

课堂要点： 脑部受到磕碰后，即使看不到外伤，也不要掉以轻心。如果有外伤，则应该尽快去医院进行治疗。

都是贪吃惹的祸

炎炎夏日里，酷热难熬，阿诚、小山和小希在学校踢完足球后，都热得受不了。阿诚用手抹了抹满脸的汗水，提议道：“喂！我们先去买点雪糕来吃吧，好不好？”这个建议马上得到了小山和小希的赞同。

三个人一起朝校门外走去，距校门没多远，就有一家小卖铺，那里就有冷饮卖。他们快步走到店铺前，阿诚突然拉着小山和小希说：“这家店不干净，你们看，那些装刨冰原料的盒子都没有盖子，还有苍蝇在上面飞，好恶心，我们还是换个地方吃吧，免得等会儿拉肚子。”

小山和小希看了看，也发现了同样的问题，他们又继续向前走去。

在一家卫生条件很好的冷饮店里，他们三人每人点了一份红豆冰，几下子就吃完了，小希觉得还是很热，于是又点了一杯冰镇西瓜汁，要了一盘冰镇西瓜。

西瓜切盘送过来后，三个人三下两下就都吃完了，由于吃得太快太急，小希的脸上还沾着西瓜子。

“你连西瓜子都不吐出来，就不怕肚子里长出西瓜苗儿来吗?”阿诚取笑小希说。

小希笑嘻嘻地抹了抹嘴巴，临出店门前又买了一支雪糕拿在手里吃。

和阿诚、小山分开后，小希就回家做作业去了。

“哎哟，妈妈，我肚子疼!”正在做作业的小希突然捂着肚子叫起来。

“怎么了?”妈妈一把扶住就要溜到桌子下面的小希。

“不知道，肚子特别疼。”小希疼得眼泪都快出来了，妈妈赶紧开着车送小希去医院。

医生给小希做完检查后，确定他患上了阑尾炎穿孔，又马上给他做了手术。由于手术及时，小希的身体没有大碍，住了几天院就痊愈了。

临出院前，医生叮嘱小希说：“小朋友，以后少吃点冷饮，你这次就是因为冷饮吃多了才住院的，知道了吗?”

小希点点头，通过医生的讲解，他才知道即使是在夏天，冷饮也不能多吃，否则会引起各种肠胃疾病。回家以后，小希不仅自己吃冷饮吃得少，还劝阿诚和小山也要少吃。

炎炎夏日里，冷饮是孩子们的最爱，他们可以不吃饭，但是却不能不吃冷饮。出于对孩子的爱，父母对此也往往是睁一只眼闭一只眼，或者干脆让孩子放开肚子吃。孩子多吃冷饮并非好事，冷饮吃多了，对孩子的身体存在以下危害：

1. 造成胃肠功能的紊乱。孩子在夏天大量吃冷饮，胃肠道血管遇冷突然收缩，导致流经肠胃的血流减少，影响胃肠道正常的生理功能。另外，大量冷饮以液体的形式进入胃中，导致胃内的酸度降低，杀菌作用减弱，也容易诱发胃肠道炎症。

2. 降低食欲。冷饮中多大多含有糖和奶，这两种物质含有高热量，可以补充人体对热量的需要，但是其他的营养物质较少。孩子在大量吃冷饮以后，食欲会降低，正常饮食规律会被打乱，造成营养吸收不平衡。

3. 诱发咽喉部炎症。吃冷饮时，会导致咽部血管收缩，血流减少，降低咽喉部位的抵抗力，上呼吸道的病菌趁机大量繁殖，从而诱发咽喉部炎症。

4. 对牙齿产生不良刺激。牙神经容易受到外界刺激的影响，牙齿遇冷、热、酸、甜等刺激时，会产生短暂的刺痛或酸痛，久而久之，就会引起牙齿的病变。

鉴于以上原因，父母平时要多给孩子讲解吃冷饮的害处，并督促孩子少吃冷饮。偶尔吃冷饮时，要慢慢吃，不要一次性连续大口大口地嚼着吃，以免刺激牙齿，引起牙痛。

课堂要点： 冷饮吃多了对身体有害无益，防止孩子大量吃冷饮，父母应该以身作则，带头少吃或者不吃。

小刀割到手了

爸爸妈妈不在家，萌萌用水果刀给自己削苹果吃。

正削着，突然刀滑了一下，在萌萌的左手食指上划了一条口子，鲜红的血液马上从里面渗出来。萌萌马上放下水果刀和苹果，来到自来水管前，把手指上沾上的苹果汁冲洗掉。

冲洗完毕后，血还在继续向外流，萌萌就把受伤的手指勾起来，她听做医生的姥姥说过，这样可以起到快速止血的作用。可是，过了一会儿，血还是没有止住。萌萌只好用干净的纸巾把手指上的血擦干净，然后用右手的拇指和食指一起掐着左手食指的根部，这个方法比较有效，过了一会儿，血就止住了。

萌萌从家里的急救箱里找来酒精和创可贴，她先把酒精涂抹在伤口上，然后又把创可贴贴在伤口上。做完这些后，萌萌开始写作业。

晚上，妈妈下班回家，她一眼就看到了萌萌手指上的创可贴。

“萌萌，你的手指怎么了?”妈妈边说边走过去看萌萌的手。

“没事，就是削苹果的时候不小心划到了。”

“你怎么这么不小心?贴创可贴之前消毒了吗?”

“已经消过毒了。”萌萌边说边继续写作业。

“那就好，这几天别让你的手指碰到水，明天再换一个新的创可贴，记住了吗?”

“我记住了，妈妈。”萌萌点点头，妈妈这才放心地去做晚饭了。

孩子被割伤也是生活中常有的事，割伤之后，孩子应该如何采取自救措施呢?

1. 如果是轻度割伤，应马上止血消毒，然后进行简单的包扎就能解决问题。

2. 严重割伤时，需先拨打 120 请救护车，然后自行进行一些简单的止血。

如果是手臂被割伤，要将手臂抬起来，使其高于心脏位置。然后直接用手指压迫伤口止血；如果是腿被割伤，除了压迫伤口外，还要压迫受伤大腿一侧腹股沟的动脉。止血之后，经过上述处理后，应该尽快前往医院。

3. 如果有皮肤被割掉，不要随意丢弃，最好是用清洁的物品包好，然后带到医院，可以回植到伤口处。

课堂要点： 不管是轻度割伤还是重度割伤，首先要做的都是止血。如果是重度割伤，止血之后还要马上去医院进行治疗。

失血过度怎么办

小雅和小伙伴们一起在自家的楼下玩耍，突然，小雅发出“啊”的一声大叫，在二楼的妈妈听到赶紧跑到窗户前去，想看看发生了什么事，却发现小雅正捂着脖子。妈妈赶紧跑下楼，此时小雅已经哭起来了，她捂着脖子的手上不停地往外渗血。

“雅雅，怎么了？”妈妈着急地问道。

小雅没有说话，只是一个劲儿地在那里哭。

旁边的一个小朋友说：“一块玻璃飞到雅雅脖子里了……”

妈妈把小雅的手拿开一看，看到脖子上果然有个伤口在不停地往外流血。她赶紧抱着小雅跑回家，先拨打 120 请救护车。然后，妈妈又赶紧拿来急救箱，边安抚小雅的情绪边用生理盐水帮她清洗伤口。

她本来还想把那片碎玻璃取出来的，可是玻璃已经进入到了小雅颈部的皮肤里面，妈妈担心强行取玻璃会让小雅流更多血，于是赶紧用干净的纱布帮小雅进行了止血和包扎。做完这些后，救护车也来了。

到医院后，经过医生检查发现，小雅颈部的大血管受到损伤，由于妈妈的止血措施非常及时，小雅并没有生命危险。

医生很快将小雅脖子里的玻璃片取出，又进行了止血和包扎。医生还告诉妈妈，碰到孩子血管破裂或者其他情况的大出血时，应该先进行止血再送医院，否则在将孩子送往医院的过程中，孩子有可能因失血过度而死亡。

严重出血的情况在生活中并不多见，但是遇上一次就有可能对孩子的生命造成威胁。因此，父母有必要教给孩子一些止血自救的措施，以备不时之需。

当身体受伤导致严重出血时，可以采取以下紧急措施：

1. 止血。当身体大量出血时，可能是伤到了动脉或者静脉。如果是动脉受伤，血流会快速向外喷出。如果是这种情况，最好是就地止血。止血方法是用手指按压住近心端。由于血流较快，所以止血时的动作也要快，以防失血过多。

也可以使用止血带绑住伤口近心端，不过，止血带有一些注意事项，在使用止血带时，要注意两点：① 用止血带捆绑的时间不宜过长，否则有可能出现肢体坏死的情况。② 止血带只能用来捆扎四肢，不能捆扎头部、颈部和躯干。

如果是静脉出血，出血相对缓慢，可以用手指按压静脉远心端。

按压止血时，最少要坚持五分钟，在这五分钟内，不要拿开手指检查伤口，否则可能妨碍血凝块的形成。

2. 去医院。动脉出血或静脉出血经过止血处理后，都应尽快送医院进行治疗。如果身边有其他人，可以请求他们将自己送到医院，如果没有，要想办法拨打“120”叫救护车。

课堂要点： 一定要记住，碰上严重出血的情况，不管是自己还是别人，都应该立即止血，然后再去医院抢救。

流鼻血了怎么办

琳琳最喜欢和小区里的伙伴们玩捉迷藏的游戏，这一天，他们又在小区里玩起了捉迷藏。除了留下一个负责找的人在石桌旁站好，其他小朋友都一哄而散，纷纷跑到隐蔽的地方去躲起来。琳琳向一棵树后面跑去，可是，她跑得太急了，没发现脚下躺着半截砖头，琳琳被绊了一下，跌倒在地上，鼻子被地面撞了一下。

“琳琳，你没事吧？”见琳琳跌倒了，一些还没来得及藏起来的小朋友们赶紧围了过来，他们七手八脚地把琳琳从地上拉起来。

“琳琳，你的鼻子流鼻血了！”琳琳用右手抹了一下鼻子，竟然抹了一手的血。

“怎么办，赶快回家找你妈妈吧？”“还是去医院吧，鼻子出血了就要去医院。”“……”小伙伴们七嘴八舌地议论着要怎么办，琳琳却一点都不害怕。她赶紧找了一个地方坐下来，头微微向后仰，又用手捏住鼻梁上的软骨。

“小涛，你帮我用自来水把手帕打湿一下。”琳琳伸手把手帕递给了小涛。

一会儿，小涛回来了，琳琳把湿的手帕盖在额头上，额头上马上感觉凉凉的，她的鼻子也没有再流血了。

琳琳又用湿手帕擦了擦鼻子，把脸上的血迹擦干净。琳琳正准备去把手帕洗干净，这时候，妈妈正好有事经过，她一眼就看到了琳琳手里拿的带着血迹的手帕。

“琳琳，你怎么了？怎么把手帕弄脏了？”妈妈着急地问。

“妈妈，我刚流鼻血了。”

“怎么回事？现在好了吗？”妈妈说着就要看琳琳的鼻子。

“已经好了，我按照你上次教给我的方法，一会儿就把鼻血给止住了。”琳琳自豪地说。妈妈听了，这才放下心来。

孩子天生活泼好动，经常追逐打闹，很容易就会摔倒或磕碰，造成外伤性的鼻出血。另外，还有些孩子喜欢用手指挖鼻孔，从而伤害鼻部的小血管也会流鼻血。

孩子发生流鼻血的几率几乎是成人的两倍，因此，父母有必要教给孩子一些救治措施来自救或者救人。

流鼻血时，我们可以采取以下措施进行自救：

1. 坐在椅子上，头微微向前倾，并将消过毒的棉花塞住流血的鼻孔。这样做是为了防止血液倒流到喉部，并进入胃中而引起恶心、呕吐，甚至因呛到而引起窒息身亡。

2. 以手按压出血侧鼻翼的上方约五分钟。因为流血的地方常常是鼻中隔（也就是鼻孔之间的隔板前端）。哪边鼻孔出血就按压哪一侧，两边都出血就两边一起压，同时张开嘴巴，以免导致呼吸困难。一般来说，按压能加速形成血块，堵塞破裂的血管，达到止血的目的。

3. 冰敷鼻部。用布或者毛巾包住冰块敷在鼻背部，可帮助血管收缩，

快速止血。不过，这种止血方法可能会使你打喷嚏，这样反而会使鼻部血管扩张。

4. 尝试了以上办法后，如果还是不能止血，就要尽快就医。

课堂要点： 流鼻血是生活中经常发生的事，发现自己流鼻血时，不要惊慌失措，最好是赶紧想办法止血。

中暑了怎么办

读故事学安全

夏日里，迪迪和爸爸妈妈一起从公园里游玩归来，经过公园里的运动场时，他看到平日里的几个小伙伴正在那里踢球，迪迪赶紧朝他们跑了过去。

妈妈在后面喊："迪迪，你去干什么？"

"我去玩会儿球，你们先回家吧，我晚点再回去。"迪迪边跑边说。

"等等，你刚玩了回来的，再跑去晒太阳，你小心等会儿中暑！"妈妈说着就追了上来，拉着迪迪的手不让他走了。

"没事的妈妈，我玩会儿就回去，肯定不会中暑的，就算中暑了我也知道怎么办，放心吧妈妈。"

不等妈妈再说话，迪迪就已经跑开了，妈妈只好在后面喊："多喝点水，热了就早点回去！"

"知道啦！"迪迪飞快地冲上了运动场。

小伙伴们踢得正热闹，看到迪迪来了，给他招了招手算是打招呼，迪迪不客气地加入到了他们中间，在运动场上奔跑起来。

天可真热啊，火热的太阳当空挂着，周围一丝风都没有，迪迪的头发就像刚刚被洗过一样，不断的有汗珠从上面滴下来，他的衣服也快湿透了。天气虽然很热，不过迪迪玩得很尽兴，他把妈妈的叮嘱全都抛到脑后了。

迪迪在运动场上跑呀跑，突然，他感到一阵头晕。迪迪又坚持踢了一会儿，身体越来越不舒服了，迪迪感到两条腿一点力气都没有，喉咙里好像有一团火在燃烧。“糟了，好像是中暑了。”迪迪赶紧跑下了运动场。

“迪迪，你去哪儿?”一个小伙伴朝他喊道。

“我去休息一会儿。”迪迪跑到一棵大柳树下，背靠着树干坐下来，然后又解开上衣扣子，不停地用衣襟扇风。有小伙伴看到迪迪不对劲，也赶了过来。迪迪正好需要一个帮手。“你来得正好，我好像中暑了，你帮我把手绢用凉水弄湿，再去帮我买瓶凉饮。”

迪迪把手绢敷在额头上，又喝了些饮料，然后用凉水擦了擦身子，这才感觉好了一点。这时候，其他小伙伴也都围了过来，迪迪说：“我有点难受，不能再玩了，天太热，你们也要注意一点。”

小伙伴们一起把迪迪送回家去，妈妈得知迪迪中暑了，连忙让他到凉爽的空调房间里休息，妈妈又找来仁丹和清凉油，让迪迪服下仁丹，把清凉油抹在头上。做完这些，妈妈拿出冰箱里的冰镇绿豆汤，让迪迪和小伙伴们喝。

安全知识小课堂

在天气炎热的夏天，烈日当头，如果长时间在太阳底下活动，很容易就会中暑。中暑后，一般会出现头晕、眼花、耳鸣、口渴、恶心、心悸、胸闷、浑身无力、大汗淋漓、注意力不集中等症状。如果中暑的症状得不到及时缓解，就有可能会导致死亡。所以，父母应该告诉孩子，一旦发生中暑，他们应该怎么做。

一旦发现自己中暑，应积极采取以下自救措施：

1. 如果是在野外中暑，应马上离开高温环境，找到一个离自己最近的阴凉通风之处，平躺下，头部抬高，松开衣服扣子。如果随身带有风油精、清凉油、仁丹等，可以用风油精或清凉油涂抹太阳穴，或者服用仁丹。

2. 如果在家中中暑，可以采用两种较简便的方法自救。第一种是开启电风扇散热，使用这种方法时应注意，不要对着自己的头吹，否则有可能引起感冒；第二种方法是冰敷，在头部、腋下、腹股沟等处放置冰袋。没有现成的冰块时，也可以用冷水或30%的酒精擦洗身体，直到皮肤发红为止。

如果神志保持清醒，且无恶心、呕吐之感，可适当饮用茶水、含盐的饮料和绿豆汤等，既可降温，还可补充血容量。

3. 如果出现抽搐就要引起高度重视，在这种情况下可以用冷水擦拭身体，帮助身体迅速散热，同时要及时请求他人送自己去医院。

课堂要点：中暑后不要再停留在太阳下或者温度较高的地方，应马上向阴凉处转移，并通过解开衣扣、用冷水擦身体等方式让体内的热量散发出来。

误吃了毒药怎么办

卢卡放学回家后，爸爸妈妈没在家，他准备先看一会儿电视再做作业。他在找电视遥控器时，发现家里的柜子上放着一袋“巧克力”。

“咦？妈妈什么时候买的巧克力也没有告诉我。”卢卡仔细看了看“巧克力”的包装，发现上面都是些他不认识的文字。

“妈妈买了进口巧克力也不给我吃，不行，我肚子饿了，要先吃一点。”卢卡“啪”地撕开了“巧克力”的包装袋，拿出一颗就放进嘴巴里。

“哎呀！原来进口巧克力这么难吃啊。”卢卡勉强吞下后，再也不愿意吃第二颗。他连忙喝了口水，然后坐在沙发上看电视。

十几分钟后，卢卡突然感到肚子痛得难受，最后痛得他倒在地上打滚。

“糟糕，我不会是吃那巧克力中毒了吧？”卢卡强忍着肚子痛站了起来，他先打电话联系了救护车，然后又去敲对门刘叔叔的门。

“卢卡，你怎么了？”刘叔叔一看到卢卡虚弱的样子，连忙扶住他。

“李叔叔，我好像是中毒了，救护车一会儿就来，你陪我去医院吧。”

很快，救护车来了，李叔叔把卢卡抱上车，又拿着他吃的那袋“巧克力”，和他一起去了医院。

到了医院，医生马上进行检查。李叔叔又把卢卡误吃的那袋药丸拿给医生看。此时，卢卡已经有些意识不清，医生决定给他灌肠。灌完肠后，卢卡的意识才逐渐恢复过来，护士又帮他注射了葡萄糖，补充养分。

这时候，爸爸妈妈也已经赶到医院了。

“爸爸妈妈，医生说我怎么了？”

“你吃蟑螂药丸中毒了，幸亏李叔叔及时把你送到医院。你这孩子，怎么乱吃东西呢？”妈妈怜爱地责备他。

“蟑螂药丸？那袋‘巧克力’原来是蟑螂药丸呀？”卢卡这才恍然大悟，不好意思地朝妈妈做了一个鬼脸。

孩子在看到看起来可以吃的东西时，总是会忍不住尝一尝味道，所以，有时候难免会吞吃一些不能吃的东西，有些孩子还会吞食一些有毒性的药

丸或者是液体。在平时，父母就要告诉孩子，不要随便吞食一些以前没见过的东西，父母也不要把有毒的物品放在孩子能找到的地方。

父母和孩子在一起时，能阻止孩子乱吃，也能及时将孩子送到医院去。那么，当父母不在身边时，孩子如果误食了有毒的物品，应该如何自救呢？

1. 在吞吃有毒性的东西之后，往往在短时间内会出现强烈的肚子痛、呕吐等现象，这时候要马上打电话为自己联系救护车。

2. 如果误服的是碘酒，可以喝米汤、面糊等淀粉类流质食物进行催吐。如果误服了来苏水、石炭酸或苯酚液等，要马上喝牛奶、豆浆等进行催吐，还可以保护肠胃黏膜。

3. 如果不方便叫救护车，要马上向身边的人求助，并告诉对方自己都吃了些什么。去医院时，别忘了带上误服的物品，方便医生进行诊治。

课堂要点： 在吃过不认识的物品之后，如果出现肚子痛、恶心等症状，就要马上打电话叫救护车，或者请求身边的人送自己去医院。

发烧了怎么办

小糖生病了，妈妈给她请了一天假，让她在家里休息。

早上，妈妈给小糖做好早餐和午餐，又把感冒药拿给她吃，然后才去上班。

妈妈走后，小糖躺在床上休息，没过一会儿就睡着了。

当小糖再次醒来时，她感觉到全身发烫，特别是额头。

“今天的温度怎么这么高呢?”小糖边自言自语，边把身上盖的被子掀开。尽管如此，她还是感觉到身上发烫。小糖这才想到自己可能是发烧了，她从床上爬起来，拿来家里的体温计放在腋下。

过了一会儿，小糖取出体温计，发现自己的体温已经达到 38.5℃了。

“糟了，看来我真的发烧了。”小糖放好体温计，又坐回到床上去。她先给妈妈打了个电话。

“妈妈，我发烧了，你回来带我去医院吧。”

“小糖，妈妈现在正在开会，你自己先按照妈妈上次教你的方式进行一些降温处理，妈妈开完会后就回家去。”

挂了电话，小糖找来酒精和消毒棉，用消毒棉蘸上酒精擦了擦额头，然后又擦了擦颈部、腋窝和四肢等部位。做完这些后，小糖感觉到身体不是那么烫了，她重新躺回到床上，等着妈妈回来。

很快，妈妈请假从公司回来，带着小糖去了医院。

安全知识小课堂

正常情况下，人的体温为 36℃～37℃，如果超过 37.5℃，就是发烧。如果超过 39℃，就属于高烧。如果发现自己发烧后，又不能及时去医院，就要先采取一些措施降低体温，以免因发烧而大量出汗，导致身体虚脱甚至是一些更为严重的问题。

那么，应该采取一些什么措施呢?

1. 如果发烧又不能立即去医院，可以采取一些措施来降低体温。例如将冷水和酒精混合在一起，用来擦拭额头、颈部、腋窝、四肢等部位，酒精能在短时间内促使体温下降。

也可以将冷毛巾或是冰块放在额头和颈部，也能起到一定的降温效果。

2. 发现自己退烧后，不要胡乱食用退烧药。要及时通知父母，然后到医院进行治疗，不要耽误病情。尤其是发现自己高烧时，最好不好拖延，马上请身边的人送自己去医院。

课堂要点： 发现自己有发烧迹象后，无论是低烧还是高烧，最好都不要胡乱吃退烧药。如果是高烧，最好马上请求身边的人带自己去医院。

安全小测试

这一章的学习结束了，你学到了多少安全知识呢？我们可以通过下面的自我测试来检测一下。

1. 吃饭时不小心被鱼刺卡住，应该怎么做？

　a. 吞食饭团

　b. 喝醋软化鱼刺

　c. 及时上医院求治

2. 在喂猫狗等小动物吃东西时，你应该：

　a. 把食物拿在手里，让猫狗吃

　b. 把食物放在专门为猫狗准备的盘子里让猫狗吃

　c. 把猫狗抱在怀里，边喂食边逗它们

3. 被小狗咬伤后，下列哪项做法不正确？

　a. 马上用自来水冲洗，边冲洗边用力挤压伤口周围的软组织，冲洗完毕后再去医院

b. 把伤口包扎起来，然后再去医院

c. 及时打一针狂犬疫苗

4. 独自一人时，如果不小心受伤，下列哪种做法不正确？

a. 马上请求周围人的帮助，即使他们都是陌生人

b. 马上就近找电话拨打 120，或者给爸爸妈妈打电话

c. 什么都不做，等着他人来救自己

5. 不小心把皮肤碰破时，应该：

a. 用红药水或者生理盐水清洗伤口

b. 将伤口周围的碎皮撕掉

c. 用自来水冲冲，然后不做任何处理

6. 关于夏日吃冷饮，以下说法错误的是：

a. 冷饮是用来降温的，应该多吃

b. 大量吃冷饮容易引起肠胃功能紊乱

c. 冷饮吃多了会刺激牙齿，引起牙痛

7. 当玻璃渣等物品嵌进身体里时，应该：

a. 马上强行取出

b. 根据情况决定要不要取出，如果会导致出血加重，就应等去医院后再取出

c. 不取出，等到医院再说

8. 身体大量出血时，应该：

a. 马上去医院

b. 先快速进行消毒和止血工作，然后再去医院

c. 马上叫救护车，等着救护车来接人

9. 使用止血带止血时，下列哪种做法是正确的？

a. 长时间用止血带捆扎身体

b. 用止血带捆扎头部或者躯干

c. 用止血带捆扎之前，在要捆扎的部位垫上三角巾、毛巾、衣服等

10. 对鼻子出血的处理措施，下列哪一项是错误的？

a. 马上去医院

b. 把头向后仰着，用手指轻压鼻梁软骨

c. 用手指把鼻子捏住，防止血流出来

11. 运动中，发现自己有中暑的迹象时，应该：

a. 马上停止运动，到阴凉处休息

b. 继续运动

c. 喝点饮料，然后继续运动

12. 发现有中暑前兆时，下列采取的哪项措施不正确？

a. 用清凉油或者风油精擦太阳穴处

b. 打开电风扇对着头部猛吹

c. 在阴凉处躺下，用凉水擦身体

13. 看到家里有一种从来没见过，而且看起来很好吃的东西时，应该：

a. 马上拿来就吃

b. 先问问爸爸妈妈，弄清楚是什么东西后再决定吃不吃

c. 爸爸妈妈在家就问他们，不在就先吃了再说

14. 误吃毒药后，下列采取的措施中，哪一种不正确？

a. 告诉身边的人，请求他们送自己去医院

b. 去医院时，带上自己误食毒药的外包装

c. 马上喝下一些牛奶

15. 误服碘酒时，吃下面哪一种食物不能起到催吐的作用？

a. 米汤

b. 巧克力

c. 面糊

点评：

以上测试题的答案分别是：

1～5：cbbca

6～10：abbcc

11～15：abbcb

计分说明：答对一题得 1 分，及格分为 9 分，满分为 15 分。

如果 15 道题都答对了，那么恭喜你，你对本章中提到的安全知识掌握得很好。所以，在跟爸爸妈妈要奖励的同时，一定不要忘了感谢他们的耐心讲解。

如果你的分数刚好及格或者高于及格，但不是满分，那么说明你对爸爸妈妈给你讲的安全知识已经掌握了大半，但还有没掌握的地方。让爸爸妈妈再给你讲一次吧，这一次可一定要记牢。

如果你的分数在及格线以下，那你可要引起重视了，因为这说明你的安全意识和自救意识还不是很强烈，遇到危险时，很有可能根本就不知道该怎么自救，或者采取错误的方法进行自救。所以，好好重读那些逃生故事，然后让爸爸妈妈重新给你讲解一下那些逃生知识吧。

第三章

安全交通任我行

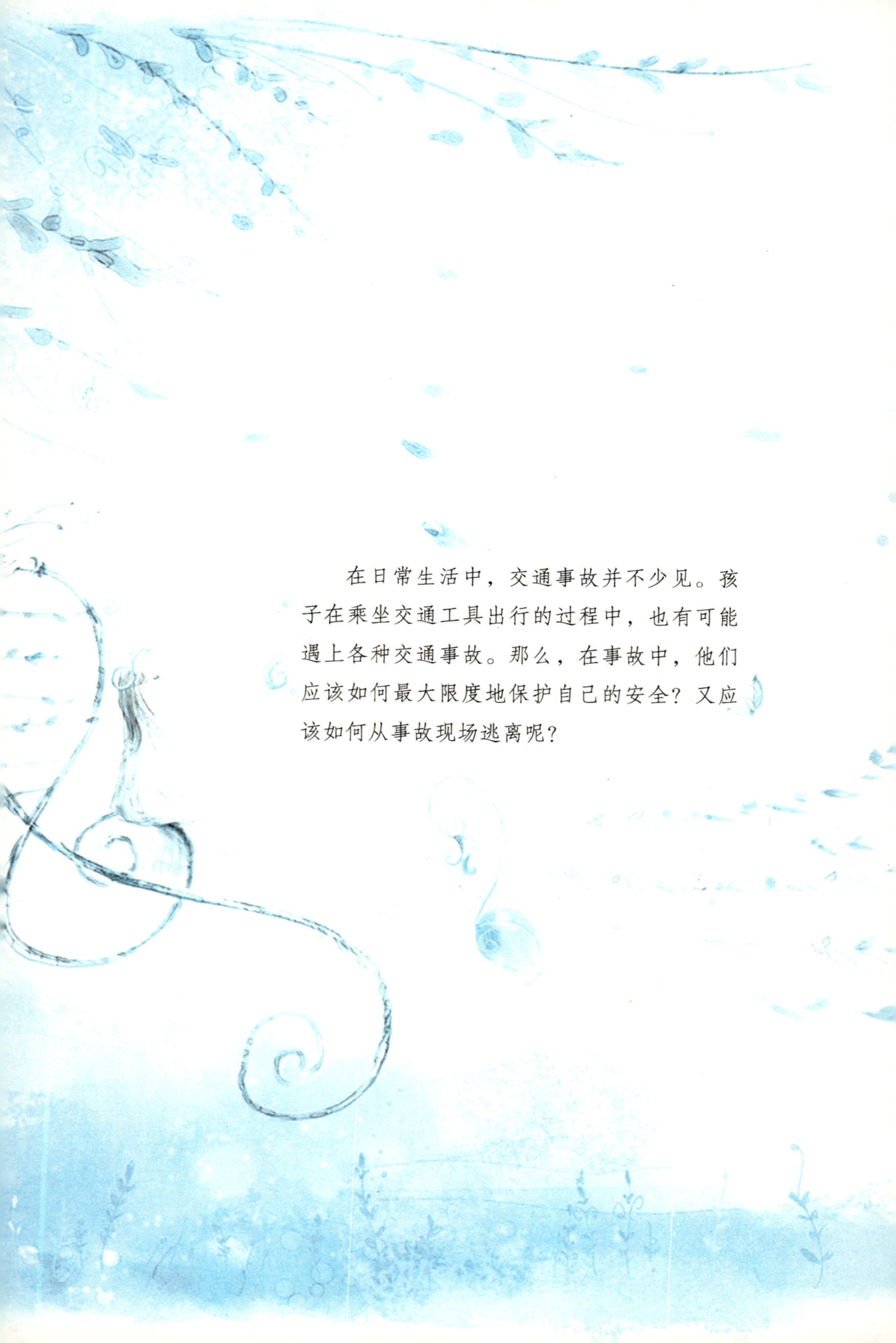

在日常生活中，交通事故并不少见。孩子在乘坐交通工具出行的过程中，也有可能遇上各种交通事故。那么，在事故中，他们应该如何最大限度地保护自己的安全？又应该如何从事故现场逃离呢？

自行车上的小飞侠

放学后，星星收拾好课本，就飞奔出了教室。

他像往常一样冲到自行车棚，可是找了好一会儿都没有找到自己的车。

“我的车呢——”星星刚准备去找看车棚的老大爷，突然想起来自己早晨上学的时候没有骑车来。

“看来今天要走着回家了。”星星沮丧地往车棚外走去。

“星星，你的车呢?”同学小齐迎面走了过来。

“我才想起来今天早上没有骑车上学。”星星摸摸脑袋说。

“那你准备怎么回去呢？要不我骑车带着你吧。”

“是吗？那太好了，我正为怎么回去发愁呢!”

于是，星星坐在了小齐自行车后面，两人一前一后的聊着天。聊到高兴处，星星还放开了双手，朝路人做出胜利的姿势，还时不时高声喊叫，引来路人频频注目。

“哇，真刺激呀！再骑快一点儿，感觉就像飞一样，太好玩儿了!”星星兴奋地叫着。

“不行，快红灯了，我们要慢一点。”眼看绿灯已经变成黄灯了，小齐放慢了骑车的速度。

“快点呀！我们冲过去!”星星拍着小齐的肩膀，完全无视站在马路另一侧的交警。

听了星星的话，本来打算停下来等红灯的小齐一鼓作气，使劲地蹬着踏板，准备冲过去。这时候，红灯亮了，小齐又加快速度往前骑去。这时候，一辆汽车开了过来，司机没想到小齐会突然加速，差点就撞上了他们，幸亏汽车驾驶员把汽车偏向了另一边。小齐和星星在躲闪汽车时，由于重心不稳，连人带车翻倒在路上，两人被重重地摔在地上。

“小孩子骑车也不看着路，还闯红灯！”差点撞上他们的汽车司机探出头来生气地骂道。这时候，交警也走过来了。小齐赶紧从地上爬起来，又伸手拉了拉星星，两人狼狈不堪地从地上起来，正准备推着自行车离开，交警把他们拉到了一边。

“你们跟我来。”交警推着车，领着小齐和星星来到马路边上。

“你看你们俩，骑车带人还闯红灯，刚才多危险呀！”交警指着小齐和星星说。“今天是第一次让我撞见，就不处罚你们，以后要是再遇到这种情况，我一定会去你们学校找你们的老师和校长，听见没有！”小齐听说要找校长，吓得连忙点了点头，星星也跟着点点头，交警这才放他们走。

小齐和星星一前一后闷闷不乐地向前走，直到走出了好几十米远，小齐才感觉到自己的脸上有点疼。原来，刚才跌倒的时候，他的脸颊蹭破了。星星也好不到哪儿去，他的鼻子上被碰破了一大块皮，手肘也受了伤。

自行车是少年儿童的主要交通工具，骑着自行车上学放学，既方便又快捷。不过，由于马路上车多人多，孩子又缺少自我保护的能力和技巧，所以更要注意骑车的安全。

孩子在骑车时，应该注意以下问题：

1. 定期检修自行车，一旦发现故障，要马上排除，不要骑着有问题的车上路。

2. 如果年龄未满十二岁，不要骑自行车上马路。

3. 骑自行车时，要靠右边行驶，不要逆行。转弯前先看清路况，提前减速，不要抢行猛拐。

4. 经过交叉路口之前，要先放慢速度，注意来往行人、车辆，不闯红灯。

5. 骑车时双手紧握把手，不要松手。和同学一起骑车时，不要相互追逐、打闹。

6. 骑车时不攀扶其他车辆，不载重物，不带人，也不要戴耳机听广播或者音乐。

课堂要点： 骑车更要遵守交通规则，如果年龄未满 12 岁，不要骑车上马路。骑自行车时，不要带人，不要闯红灯。

不好，汽车栽跟头

十一放假期间，悦悦和爸爸妈妈一起开车去老家看望爷爷奶奶，回去的路上，由爸爸开车，悦悦和妈妈坐在后排聊天。

车飞快地向前行进，悦悦看到路边的树木“嗖”的一下就被甩到后面去了。“1、2、3……”她边津津有味地吃着苹果边数有多少车以更快的速度从他们旁边过去。

突然，悦悦感觉到车子猛地朝右一拐，她连忙惊恐地看向妈妈。

“车子要翻了，你们抓好椅背，快点!”爸爸说“快点”两个字的时候

几乎是吼出来的。悦悦下意识地扔掉苹果，把双手伸到后面，紧紧地抓住了椅背。车子掉下了路基，接着又是“嘭”的一声响，悦悦感觉到自己的身体猛地震了一下，然后随着车子翻滚起来。大概滚了两下，车子停了下来。幸好他们三人都系有安全带，并且都紧紧抓着椅背，这才没有随着车子的翻滚而翻滚。

悦悦抱着椅背，身体被安全带挂着，吓得大哭起来。

“悦悦不哭，爸爸来救你。”爸爸边安慰悦悦，边解下自己身上的安全带，他试着想打开车窗玻璃，但根本就打不开。幸好车里还备着一只铁锤，爸爸用铁锤将车窗玻璃砸碎了，然后从窗户跳了出来。

爸爸正要去找人给自己帮忙，发现交警已经赶来了。交警帮忙把车翻了过来，妈妈和悦悦得救了。通过爸爸和交警的聊天，悦悦才知道，就在刚才车拐弯的时候，爸爸发现前方有一个行人，这时候刹车已经来不及了，可是不刹车肯定会撞到那个人。于是爸爸赶紧向右打了一下方向盘，没想到由于用力过猛，车子冲出了高速。

安全知识小课堂

在翻车事故中，要实施自救并不是一件容易的事，但要在事故中生存下来，还是需要积极采取自救措施。那么，在汽车翻车事故中，采取怎样的自救措施才能让自己存活下来的几率更大呢？

1. 坐车时系好安全带。如果不系安全带，车子在翻转的过程中，人会因为撞击而受伤。

2. 发现车即将翻转时，要迅速趴在座椅上，紧紧抓住椅背，稳住身体，避免身体随车一起翻滚撞击而受伤。

3. 翻车后，如果意识依然清醒，而且身体能自由活动，那么最要紧的就是想办法打开车门逃生。不过，这个时候要打开车门并不容易，因为车

门可能已经变形。如果车门实在打不开，还有一个办法，就是从车窗逃出，用所有你能找到的东西将车窗砸开。记住，不要去砸车前的挡风玻璃，因为挡风玻璃的构造是双层玻璃间含有树脂，比车窗更难敲碎。

课堂要点： 发现汽车即将翻车时，千万不要慌乱，要保持镇定并积极采取自救，只有这样才能增加存活下去的几率。

汽车掉到水里去了

小力和爸爸妈妈一起去郊区游玩，整个过程中，他们都玩得很开心。郊游结束后，一家人高高兴兴地开车回家。

汽车行驶到一个大湖边的公路上，在一个拐弯处，前方窜出了一辆摩托车，爸爸急忙转方向盘，避开了摩托车。让人没想到的是，由于避让太急，车一下子冲入了路边的湖中。

车在湖中快速下降，由于车头较重，下落速度较快，车身开始倾斜。“你们赶快抓好椅背！”是爸爸在喊，此时，他自己也紧紧地抓着座椅的靠背。小力和妈妈赶紧趴在座位上，双手死死地抓着椅背，和车子一起向水底沉下去。

不一会儿，小力感觉到车不再向下沉了，他抬起头，漆黑的车厢里什么都看不见。

“爸爸，妈妈……”

“小力，不要怕，我们会想办法出去的。”爸爸回过头来安慰他和妈妈，

妈妈也紧紧地抓着小力的手。

爸爸试着打开了车里的灯，又打开了车的前灯，借着光线，小力看到了湖底长着的水藻和一些小动物。一只小鱼儿对这只从天而降的“大怪物”感到很好奇，正在窗玻璃外往里看。要是在水生动物馆，小力一定很乐意看到它们，还会细细地观察一会儿，不过他现在对这些可没兴趣，此时的他只想着要早点离开湖底。

爸爸试着打开前面的车门，但由于水底的水压太大，门根本就推不开。妈妈和小力又试了试后排的两扇门，发现也打不开。

“爸爸，你用锤子把窗户砸开吧。”小力记得在一本书上看过，当无法从车子里出去时，可以用锤子或者其他物体把车窗砸开，然后从车窗里逃出去。

“再等一会儿！”

爸爸不再说话，静静地坐着。车窗的缝隙里不断地渗水进来，车灯突然熄灭了，恐惧感再次将小力包围。

“爸爸，我们可以出去了吗？”小力的声音中充满了害怕与不安，水已经淹到他膝盖的位置。

黑暗中，妈妈再次摸了摸他的头。

“再等一会儿，小力，相信爸爸，我们一定能出去的。”爸爸的声音让小力感到了一点安慰，他静静地靠在妈妈的肩膀上。

车子里的水越来越多，小力不得不蹲在座位上才能把头伸出水面。

“你们赶快深呼吸几口，等会儿开门后，小力你直接向上游，我来带着妈妈。”爸爸又交代了几句。

几分钟后，爸爸一声令下“开门”，三人同时推开了自己那一侧的车门。小力按照爸爸的吩咐，马上向湖面游去。当小力的脑袋露出湖面时，发现已经有搜救人员赶到，一位搜救队员跳下湖中，将小力救了起来。

这时候，爸爸妈妈也浮出了水面，两名搜救队员马上跳下水，将他们也救了起来。

很多人认为汽车落水后人必死无疑，因为车子掉入水中后会一直沉到水底，人最终会被淹死在车中。其实，车子掉入水中，并不意味着百分之百的死亡率。即使车子掉入水底，我们也有办法逃生。因为汽车落水后，车厢注水需要半个小时左右，在这么长的时间里，我们有足够的时间准备逃生或者等待救援。

当汽车落水后，可参照以下逃生方式：

1. 不要惊慌，保持清醒。汽车落水后，千万不要惊慌，要做好三件事。

第一，马上打开电子锁，以防进水后电子锁失灵。

第二，确认一下安全带是否系好。因为汽车落水后，车头会先沉到水底，在不系安全带的情况下，人很容易摔倒摔伤。

第三，要赶紧调整自己的呼吸。在汽车不断进水的过程中，始终要让自己的口鼻露在水面之上，为自救和等待营救争取时间。

2. 车子刚掉进水中时，车门可能推不开，因为水是顺着车门之间的缝隙不断往车里渗透的，这时候，车外的水压会死死将车门顶住，从车子里面很难打开车门。这时候，一定要有耐心，安静地等待时机。当车子里的水快要到达车顶时，车门的内外都有水，压力相对平衡，所以这时候打开车门就会变得很容易。

3. 尽量不要在车内进水很少时敲碎车窗玻璃。因为车外的水会卷着碎玻璃一起冲进车内，容易对车内人员造成伤害。

课堂要点：发现车子落水后，不要惊慌。如果会游泳，要看准时机打开车门，从车里游出水面。

火车事故如何逃生

春节前，小寒和爸爸妈妈一起坐车回老家过年，由于春运期间的卧铺票非常难买，小寒一家只买到了三张硬座票。

晚上七点多的时候，爸爸在玩手机，妈妈和小寒在聊天。突然，小寒感觉到火车猛的一震，他和妈妈同时向前扑去，小寒的面前有桌子挡着，而妈妈在惯性的作用下差点冲到了爸爸的座位上。

爸爸的第一反应就是火车出轨了，他急忙拉起妈妈，然后转身面对着自己的座椅，双手死死抱住椅子，同时含胸，把头抵在椅背上。“你们也照我这样做！”爸爸刚喊完，小寒就感觉到不对劲了，因为车厢已经开始倾斜了，他和妈妈赶紧模仿着爸爸的样子蹲在自己的座位前。车厢仿佛在翻转，行李架上的箱包四处乱飞，有的还砸在一些乘客的头上，车厢里不时能听到各种惨叫声和乘客发出的呼救声。

车厢终于停止了翻滚，爸爸首先缓过神来。在确定小寒和妈妈都没事以后，爸爸才松了一口气。

“走，我们去那边看看能不能找到出口出去。”就着窗外透进来的一点雪光，爸爸看了看车内的情况，然后带着妈妈和小寒朝车厢的尾端爬过去。

此时的车厢过道里被甩下来的行李堵塞了，平时从车厢的一头走到另一头，只需要一分钟就可以。可是这次，他们从车厢的中部往后面爬，却用了将近十五分钟。遇到过道被阻塞时，他们只能从一排又一排的椅背上翻过去。在车厢的尾部，他们找到了一扇裂开的玻璃。

“如果能把这扇玻璃砸破，我们就能从这里逃出去了。”爸爸让小寒和妈妈在一排座位上坐着，自己在周围找了找，没发现合适的工具。他看了看破裂的玻璃，又看了看自己的手，挥起拳头就砸在已经裂了的窗玻璃上，玻璃被砸出了一个大洞，爸爸让小寒首先钻了出去，接着妈妈和爸爸也钻了出去，其他的一些幸存者找到了这个洞，也都从这里爬了出去。

爬出火车后，爸爸马上打电话报了警，并留在现场参与救援。

火车事故比较少见，但也不能放松警惕。那么，当火车发生事故时，应该如何自救呢？

在判断火车失事的瞬间，应采取如下措施：

1. 面朝行车方向坐的人，要马上双手抱头，下巴紧贴胸前，护住脸部，或者马上抱住头部侧躺下。

2. 背朝行车方向坐的人，应该马上用双手护住后脑部，同时屈身抬膝，护住胸、腹部。

3. 在通道上坐着或站着的人，不管面朝哪个方向，发生事故时，都应该面朝着行车方向，两手护住后脑部，下蹲，屈伸，以防冲撞和包厢打伤头。

4. 如果车内人不多，事故发生时，可以马上屈伸侧躺在地板上，双脚朝着行车方向，两手护住后脑部，用膝盖护住腹部，双脚蹬住椅子或车壁。

5. 事故发生时，如果刚好在厕所里，不要管裤子是不是穿好了，应马上背靠行车方向的车壁坐下，双手抱头，屈肘抱头，保护好腹部。

6. 事故发生后，如果车门无法打开，那就使劲把窗户推上去，或用工具砸碎窗玻璃，然后爬出去。但是铁轨可能带电，所以，如果车厢看起来既不会再倾斜也不会翻滚，也可以待在车厢里等待救援。

7. 火车停下后，如果需要跳车避险，应先看清楚是否有车经过铁轨，确定没有车时再跳。跳下后，要迅速离开，不要在附近逗留。

课堂要点： 一旦遇到火车失事，要马上蹲下来，牢牢抓住座椅或者床铺，然后低下头，下巴紧贴在胸前。

地铁失火往哪里逃

在一个星期天的下午，丁丁独自乘坐地铁时，目睹了惊险的一幕。

这一天，丁丁所在车厢的一位老人，不小心将一种透明的液体洒在了他手中的报纸上，只听见“砰”的一声过后，报纸着火了，老人马上将报纸向地上扔去，火苗很快引燃了旁边的座椅。

“不好，着火了！”车厢里的乘客们纷纷往其他车厢躲去，引起火灾的老人和他们一起转移了过去。这时候，地铁靠站了，没有人向地铁工作人员报告。直到地铁徐徐离开站台时，才有工作人员发现了异常，但已经来不及通知列车员。

地铁继续前进，眼看车厢里的火烧得越来越大，丁丁看到有人拿起车厢中的灭火器灭火，但由于火势太大，灭火器根本就不起作用。燃烧着的车厢中浓烟滚滚，烟火不断向两边的车厢中蔓延，乘客继续向旁边的车厢转移，以躲避烟火。

“我们应该报警，这火越烧越大，再过会儿全烧起来了，我们连躲都没法躲。”人群中不知道谁喊了一句，慌乱的人们这才想到要报警。很快，有

人在车门的斜上方找到了红色的报警按钮，一个高个子将外面的玻璃盖打开，按下按钮。

列车司机在得知火情以后，立即用无线电话向总调度室报告。总调度室马上启动调度应急处置预案：安排消防人员在列车即将停靠的车站待命，将列车将要停靠的车站进行环控、给现场触网断电，并通知车站工作人员迅速将专用逃生通道打开，切断进出口闸机电源（不刷卡也可以出去）。

当列车停靠在站台上时，车门刚打开，乘客们就争先恐后地涌下车去。由于车站已经全面断电，丁丁和大人们一起在车站广播的指引下，沿着绿色安全灯的指示逃出了车站。

地铁着火并不多见，但是一旦遇到也是非常危险的，所以我们有必要掌握一些地铁失火后的逃生技能。

地铁着火有两种情况，一种是列车着火，一种是地铁车站内着火。列车着火时，自救方法如下：

1. 发现着火后，马上按动地铁车厢的紧急报警装置及时向工作人员报告，如果找不到地铁报警系统，也可以用手中的手机拨打 119。

2. 车厢内一般都配备有灭火器，在火势还不大时可以用灭火器进行扑火自救。

3. 如果火势快速蔓延，赶快向其他车厢转移，并及时关闭车厢门。

4. 地铁上的材料燃烧时，往往会释放出大量的有毒烟雾，所以最好用随身携带的毛巾、衣物等捂住口鼻。

5. 如果列车因失火无法运行，在工作人员的指导下进行疏散，不要惊慌，也不要自行扒开地铁车门跳进隧道里。

如果是地铁车站内着火，需要采取以下自救方法：

1. 利用车站站台墙上的“火警手动报警器”报警，或者直接向地铁工作人员报告。

2. 在有浓烟的情况下，用毛巾或者衣物捂住口鼻，弯腰快走或者贴近地面爬行逃离。

3. 受到火势威胁时，千万不要盲目奔跑，相互拥挤。要听从工作人员的指挥或者广播的指引，要朝着有光线的地方奔跑，最好不要乘坐车站的电梯逃生。

课堂要点：发现地铁失火时，在保证自身安全的情况下，要第一时间按下报警按钮，向列车员报告险情。

掉下地铁站台怎么办

周六的下午，小遥和笑笑一起去新华书店买参考资料，买好以后，两人决定坐地铁回家。

“小遥快点！车在那儿停着。”笑笑站在楼梯上喊。

可是小遥好像没有听见一样，依然低着头研究她新买的参考书。

“小遥，你再不走快点车要开走了！”笑笑又大声地催小遥。这次小遥总算听见了，连忙向前走了几步。不过，她们还是慢了几步，车门已经关闭了。

“都怪你，要是你再走快点我们就能赶上那趟车了，下趟车又不知道要等到什么时候才能来。”笑笑一脸不高兴地说。

“那就再等会儿嘛，反正你又不着急回家。”

“回家总比在这儿浪费时间好呀，我回家了还要看动画片呢。”笑笑被小遥一脸无所谓的样子给惹急了，生气地转过脸去不再理小遥。

“好了好了，别生气了，我给你看看我刚买的书。你看，这本书上有吴老师出的那道题，还附带了好几种解题方案，你要不要看看？”小遥故意把书拿到笑笑的眼前晃了晃，笑笑马上不生气了，拿起书就看了起来。

“你看，这种解题思路和吴老师讲的完全不一样，很新颖很另类，而且特别的简单。如果我们使用这种思路来解同类型的题目，吴老师一定会对我们另眼相看的。”小遥得意地说，仿佛已经看到吴老师在课堂上表扬她了。

“是呀，这种思路真简单，我怎么就没有想到呢？”笑笑用书抵着下巴，“看来还是要多看参考书，以后老师再问‘谁还有更好的思路’的时候，我就有招了！”

不知不觉间，站台上又排起了长队，小遥和笑笑在队伍的最前面。

“车要来了！”不知道谁喊了一句，队伍一阵骚动，笑笑感觉到自己被人推了一下，她正要回过头去跟人理论，后面的人又使劲推了她一下，笑笑没有站稳，一下子撞到了小遥的身上。此时的小遥正在专心致志地看手中的书呢，对这种“突然袭击”一点防备都没有。她被推得向前走了好几步，一下子掉下了站台。

“小遥！”笑笑吓呆了，眼看着掉下去的小遥自己站了起来，她正要伸手去拉，却被一声“等等”吓得停住了手。

笑笑回头一看，说话的是一名男子。“我们还是先报告地铁站的工作人员吧。站台的下面有高压电，你这样拉她很危险。”这时候，已经有人去找工作人员了。工作人员马上通知了即将进站的列车司机，让他停车等候。

然后，工作人员先停止向接触轨供电，再由一名工作人员下到地铁轨道里，将小遥救了上来。

“小朋友，以后在站台上等车时不要看书和报纸杂志，站的地方也不要超过黄色的安全警戒线，你看刚才多危险，差点就出事故了。”地铁站的工作人员语重心长地对小遥说，小遥和笑笑连忙点了点头。

大部分的地铁站台上都装有护栏，比较安全，但也有少数站台上没有装护栏，有些乘客掉下去后，由于不懂得如何保护自己，结果被列车碾压或者被高压电击。所以，在日常生活中，父母一定要告诉孩子：排队等候列车时一定要站在黄色的安全线后面，特别是在人多的时候更应该注意，以免被挤下站台。一旦掉下了地铁站台，则要采取以下措施：

1. 如果物品掉下站台，不要自己跳下站台去捡，应该告诉工作人员，让他们用专用的绝缘钩帮助捡拾。

2. 为地铁提供动力的接触轨道上携带有高压电，平行地安装在两条铁轨旁边或者是站台侧面（大部分在靠近站台的一侧），一般情况下，高压电上面覆盖有木板，但如果不小心触碰到也会触电。在地铁站发生意外而从站台上坠落的人中，有些就是因为试图自己向站台上攀爬，或者采取其他自救措施，结果导致碰到接触轨，触电身亡。所以，如果意外落下站台后，不要自行往站台上攀爬或者采取其他自救动作，应大声呼救。

3. 如果坠落后，看到有列车行驶过来，应立即紧贴里侧墙壁（因为带电的接触轨通常在靠近站台的一侧），注意要使身体尽量紧贴墙壁，以免列车驶过伤到身体。千万不要在慌乱中就地趴在两条铁轨之间的凹槽里，因为地铁和枕木之间没有足够的空间容下一个人。

课堂要点： 避免地铁站事故要做到两点：第一，预防为主，排队等候列车时，一定要站在黄色安全线之外。第二，不要慌乱，避免触电。

飞机失火往哪里逃

飞机很快就要降落了，妍妍和妈妈都非常兴奋，因为再坐半个小时的出租车，她们就可以回到久别的家中好好休息一番，以缓解旅途的劳顿。然而，事情并没有她们想象中的顺利，飞机在快要接近跑道时，因为某些原因断成了两节直往下坠。

“妍妍，快趴在椅子上，抱住椅背。”妈妈说完自己先做了个示范，趴在椅子上，双手紧紧抱着椅背。妍妍赶紧学着妈妈的样子趴在椅子上。

飞机坠地后，机身起火，整个机舱中弥漫着滚滚浓烟，浓烈的烟雾几乎让所有的乘客感到窒息。

妈妈拉着妍妍从座位上下来，她自己先趴在地上，又拉妍妍也趴下。接近地面处的烟雾比较淡，那种令妍妍感到喘不过气来的感觉暂时缓解了一点。其他人看到她们的举动，也纷纷趴了下来。

机舱里的温度越来越高，妍妍感到自己的身体仿佛着火了一样。这时候，妈妈不知道从哪儿摸出来一瓶矿泉水，她用这瓶水把妍妍和自己的衣服都浇湿。大火还在进一步燃烧，就在她们不知道下一步该怎么办时，妈妈突然感觉到机舱里的新鲜空气似乎变多了，她因此断定前方不远处肯定有出口，于是带着妍妍不停地向前爬去。

越往前爬，她们能呼吸到的新鲜空气就越多，最后，他们循着风向爬进了驾驶舱，并在那里看到了已经破裂的挡风玻璃。这里离地面不是很高，妈妈先帮妍妍跳了下去，紧接着她自己也跳下了飞机。

宝贝，和妈妈约定
不让自己受伤害

安全知识小课堂

空难事故死亡率相对较高，不过，这并不意味着只要飞机出事故就无路可逃。事实证明，空难事故中的逃生者，大多数都掌握了一些逃生自救的方法。那么，应该如何教孩子在空难中逃生呢？

1. 空难逃生应该从预防事故开始。登上飞机后，最少应找到两个离自己最近的逃生出口，并数一下从每个出口到自己的座位之间有几排座位，如果发生事故，飞机上的灯全部熄灭后，也可以数着座位靠近逃生出口。

2. 在起飞时认真聆听乘务员讲解的紧急事故应对措施，并把前面椅背袋子里的事故逃生手册拿出来认真看一遍。

3. 在收到乘务员发出的紧急通告后，取下眼镜、假牙、高跟鞋，以及口袋里的各种尖锐物件，如钢笔、铅笔、水果刀等。在飞机发生碰撞时，这些物品都有可能会给你或者他人带来伤害。

4. 遇到飞机事故时，逃生前先取下救生衣，并马上穿上。然后，先看看飞机将要迫降在海上还是陆地上。如果要迫降在海上，千万不要事先对救生衣充气，否则臃肿的救生衣将会让你在狭窄的飞机通道内处处受阻，阻碍你逃生。

如果将要迫降在地面，就应该赶快穿上救生衣，并迅速充上气，这样能减轻飞机在着地时产生的冲击力。

5. 飞机迫降时，会产生较大的冲击力。所以，坐在椅子上时，要将背部紧紧地贴靠着椅背，再拿一个枕头放在下腹部，用安全带紧紧缚住。双手护住头部，或者用充气救生衣将头围起来，再用毛毯将头包起来，做成一个简易的“安全帽”。

6. 如果在迫降后依然保持清醒，并有能力自行逃生，那么就要赶快逃离飞机。如果此时机舱内出现烟雾，要赶紧用湿巾掩住嘴巴和鼻子，并尽

可能俯下身，让头贴近机舱地面。

7. 在飞机的逃生出口处，一般备有充气逃生滑梯，用坐姿跳到滑梯上。

8. 如果飞机迫降在海中，滑梯还可以变身救生艇，艇上备有紧急发报机和一些干粮。如果迫降在陆地上，要迅速逃离现场。

课堂重点： 乘飞机时遇到事故，一定不要慌乱，要听从乘务员的指挥。

不好，有人劫机

十三岁的谢里夫和爸爸一起乘坐从阿尔及利亚飞往巴黎的飞机，登机后，谢里夫和爸爸很快找到了自己的座位，并坐了下来。

刚刚坐好的谢里夫看到四名佩戴着阿尔及利亚航空公司标志的保安人员登上了飞机，他们和空中小姐做了简单的交谈后，又走进了客舱。四人中有一个佩带着手枪，其余三人佩戴的是俄式冲锋枪。

"爸爸。"谢里夫不安地看了看爸爸。

"不用怕孩子，他们是机场保安，我得把护照拿出来，等会他们要检查。"爸爸经常坐飞机，对这些程序都很了解。

旅客们纷纷从旅行包里拿出了护照，检查完毕后，这四名"保安"向机舱外走去，当领头的那名男子走到机舱前时，他没有继续向外走，而是迅速地关上了机舱门，另外两名男子也折转身，控制了两个舱门——原来，他们是劫机的武装分子！

面对黑洞洞的冲锋枪枪口，机上的乘客们先是惊呆，接下来，有人开

始小声地哭泣。谢里夫惊恐地抓着爸爸的手，爸爸脸色苍白，看得出来，遇到这种事，他也很紧张。

幸运的是，劫机者接下来并没有展开大屠杀，他们只是将这些旅客作为人质，以此为条件和阿尔及利亚政府进行谈判。

谈判的双方互不让步，结果并没有令武装分子感到满意。双方发生了武力冲突，趁武装分子集中精力应战时，爸爸悄悄推了谢里夫一把，又指了指他们身后的登机口，谢里夫快速地跑向那里，从登机口处的滑梯上下了飞机。

不久，四名武装分子被击毙，爸爸和幸存下来的其他乘客也都被解救下了飞机。

在一些国家，由于一些机场保安措施不是那么严格，导致劫机者较易携带武器上飞机，并在飞机起飞前或者起飞后进行劫机。那么，一旦遭遇歹徒劫机，应该如何应对呢？

1. 一旦发生劫机，一定要保持镇定，不要慌张，不要哭，尽量与人群混在一起，不要引起劫机者的注意，否则可能惹恼劫机者。

2. 如果感觉到情绪紧张，最好暂时抛开劫机事件，玩玩手机，或者尝试阅读随身带的报纸杂志等。不要呆坐着为自己的处境担忧，这样很容易因恐惧而做出蠢事。

3. 如果救援人员与劫机者发生冲突，飞机被攻击时，应该马上团住身体伏在机舱里，躲在椅子之间，不要乱动。当枪声、爆炸、闪光、惊呼等情况发生时，不要站起来四处看。等情况明朗后，要想办法尽快离开飞机。

课堂要点：遭遇劫机事件时，有两种能力非常重要。第一种是保持冷

静，不要激动甚至是情绪失控。第二种是随机应变的能力，遇到危险时要想办法化解，遇到合适的逃生机会则要马上逃离被劫的飞机。

遭遇海难怎样逃生

那是小永第一次坐轮船，他和爸爸一起从烟台出发，去往大连。

之前从未坐过轮船的小永感到很新奇，爸爸在上铺睡觉，而他就坐在床上兴奋地看着外面。突然，船上的广播响了，广播员用非常急促的声音告诉大家：轮船着火了，所有乘客必须马上去领救生衣。小永赶紧跳下床，推醒了爸爸，和他一起往甲板上跑去。

穿上救生衣后，乘务员要求他们先留在甲板上。在接下来的将近两个小时里，除了船尾不断冒烟外，轮船并没有出现更多的异常，外面很冷，爸爸决定回到舱里，而小永想继续看看轮船的变化，选择了留在甲板上。

又过了一个多小时，本来剧烈摇晃的轮船突然不动了，紧接着就发生了剧烈的倾斜。“不好，船要翻了！”船舱里有人惊呼，爸爸连忙跳下床，准备逃到甲板上去，可是已经来不及了，此时他们都被挤到船舱一侧，连站都站不稳，更别说走路。在救生衣的作用下，他们漂浮在水面上。

船侧翻的那一刻，小永和其他几个留在甲板上的人瞬间就被扔进了大海中，他们在大海中漂浮着，没多久就被前来救援的海军救了起来。

随着船舱里的水越涨越高，爸爸和舱里的几个人一起用折叠椅砸玻璃，椅子都被砸烂了，玻璃却依然坚固如初。最后，爸爸爬到了上铺，又用双脚拼命蹬在床板上，很快，水位上升到了他的头部，就在他连呼吸都没办法进行下去时，在他的上方，巨大的水压将船舱玻璃压碎了。他马上用力往上一蹬，从缺口中浮出水面，并被附近的救生艇救了上去。

安全知识小课堂

在《鲁滨逊漂流记》中，主人公鲁滨逊虽然遭遇了海难，但他克服种种困难，想尽一切办法逃生，最终平安归来。所以，海难并没有我们想象中的可怕，如果能掌握一些海难中的逃生技巧，从海难中逃生也并非难事。

那么，在海难事故发生时，应该如何逃生呢？

1. 如果是两只轮船相撞，就要小心接下来轮船可能因燃烧发生爆炸，所以最好迅速离开出事地点。

2. 如果在事故中落水，一定要迅速找到一个可以帮助自己漂浮在水面的物体，如救生衣、救生圈、救生艇、木头木板、桌子等。牢牢抓住这些物体，事实证明，很多水上逃生者都是因为有了这些物品的帮助才顺利逃生的。

3. 在水上漂流的过程中，要注意周围有没有漂来食物和淡水，如果遇到就要捞起来，这些将会成为你在海上维系生命的资源。在海上漂流时，无论如何都不要喝海水，即使实在找不到淡水，也可以通过一些食物来增加体内水分，如鱼、虾、螃蟹、贝壳、海藻、海鸟等。

4. 抓住一切机会呼救。当看到海上有船只经过时，不论离自己有多远，都要大声呼喊，或者举起衣服摇晃，以引起船上人的注意。如果是在晚上，就要注意观察四周，看是否有灯光，因为灯光发出的地方可能有港口。

课堂要点： 轮船出事故后，一定要保持冷静，沉着应对，不要惊慌。如果现场有工作人员，可以按照工作人员的指挥行事，不要乱跑，以免影响轮船的稳定性和抗风浪能力。

安全小测试

这一章的学习结束了，你学到了多少安全知识呢？我们可以通过下面的自我测试来检测一下。

1. 在骑自行车时，下列行为安全的是：

   a. 一手骑车，一手撑伞

   b. 转弯时，先看看周围的情况，伸手示意

   c. 在机动车道上行驶

2. 未成年人要满多少岁才能骑车上街？

   a. 18 岁

   b. 15 岁

   c. 12 岁

3. 乘车时，下列哪种行为是不正确的？

   a. 系好安全带

   b. 将头和手伸出窗外

   c. 在车内坐好不乱动

4. 汽车翻车后，如果车门打不开，应该怎么办？

   a. 将车窗砸破

   b. 将挡风玻璃砸破

   c. 留在车内等待救援

5. 汽车落水后，下列哪项自救措施不正确？

   a. 马上砸碎窗玻璃，抓紧时间逃生

b. 当进水快接近车顶时，赶快深呼吸几口，然后打破车窗逃生

c. 车在水中下沉时，要紧紧抓好椅背或者车内的其他固定物

6. 火车发生事故的瞬间，下列哪种做法是错误的？

a. 双手抱头，下巴紧贴胸前，护住脸部，或者马上抱住头部侧躺下

b. 用双手护住后脑部，同时屈身抬膝，护住胸、腹部

c. 赶紧从座位上跳起来逃生

7. 当发现事故火车的门无法打开时，应该：

a. 在车内等待救援人员的到来

b. 强行打开车门

c. 找工具砸开车窗玻璃

8. 发现地铁失火时，下列哪种做法不正确？

a. 马上拨打 120，或者按响车内的警铃

b. 马上避到其他没有失火的车厢里

c. 马上使用车上的灭火器灭火

9. 地铁发生火灾时，下列哪种逃生方式不正确？

a. 车站断电时，按照绿色指示灯的指示逃出地铁站

b. 用毛巾或者衣服捂住口鼻，避免吸入太多毒烟

c. 乘坐地铁站内的电梯逃生

10. 排队等候地铁时，应该：

a. 站在黄色安全线之外

b. 没有护栏就站在黄色安全线外，有护栏就随便站

c. 尽量靠前站

11. 如果不小心掉下站台，应该：

a. 让站台上的人拉自己上站台

b. 等待地铁工作人员营救

c. 自己爬上站台

12. 下列不属于飞机起飞前应该做的准备工作的是：

a. 数好逃生门与自己所在座位之间的排数

b. 认真聆听乘务员讲解

c. 取下眼镜、假牙，从口袋里拿出钢笔、铅笔、水果刀等物品

13. 飞机坠落时，下列哪种做法不正确？

a. 趴在椅子上，抱住椅背

b. 双手抱头坐着

c. 迅速穿上救生衣，然后紧紧抓住座椅

14. 乘坐飞机时，发现飞机被坏人劫持，下列做法中错误的是：

a. 吓得大哭起来

b. 保持镇定，随机应变

c. 混在人群里面，不让自己太引人注意

15. 当轮船在大海中发生事故时，应该：

a. 马上穿上救生衣

b. 拨打 110 报警电话求救

c. 马上跳进海中逃生

点评：

以上测试题的答案分别是：

1～5：bcbaa

6～10：ccbca

11～15：bcbaa

计分说明：答对一题得 1 分，及格分为 9 分，满分为 15 分。

你都答对了吗？如果得分为 15 分，那么恭喜你，在本章中，你的安全知识学得很不错，应该表扬一下，也别忘了感谢爸爸妈妈的辛苦讲解。

如果得分在及格分以上，但是还没有达到满分，那也非常不错，不过

还是要回头去看看是哪些题目把自己给难倒了，然后让父母给自己做一个详细的讲解。

如果得分在 9 分以下，那你就得努力了，再好好地看一遍逃生故事吧，实在不懂的地方，再向父母请教一下答案。

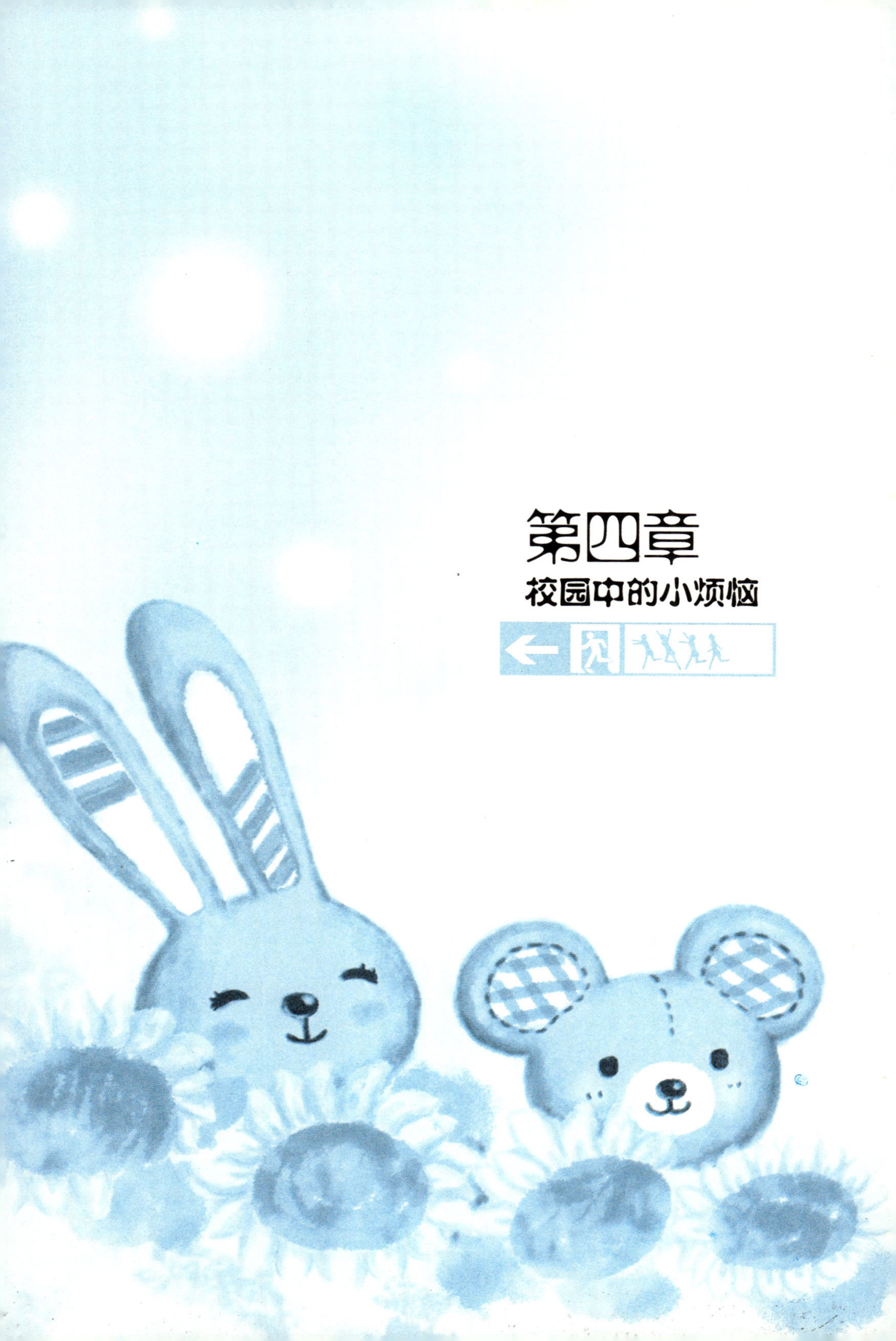

第四章

校园中的小烦恼

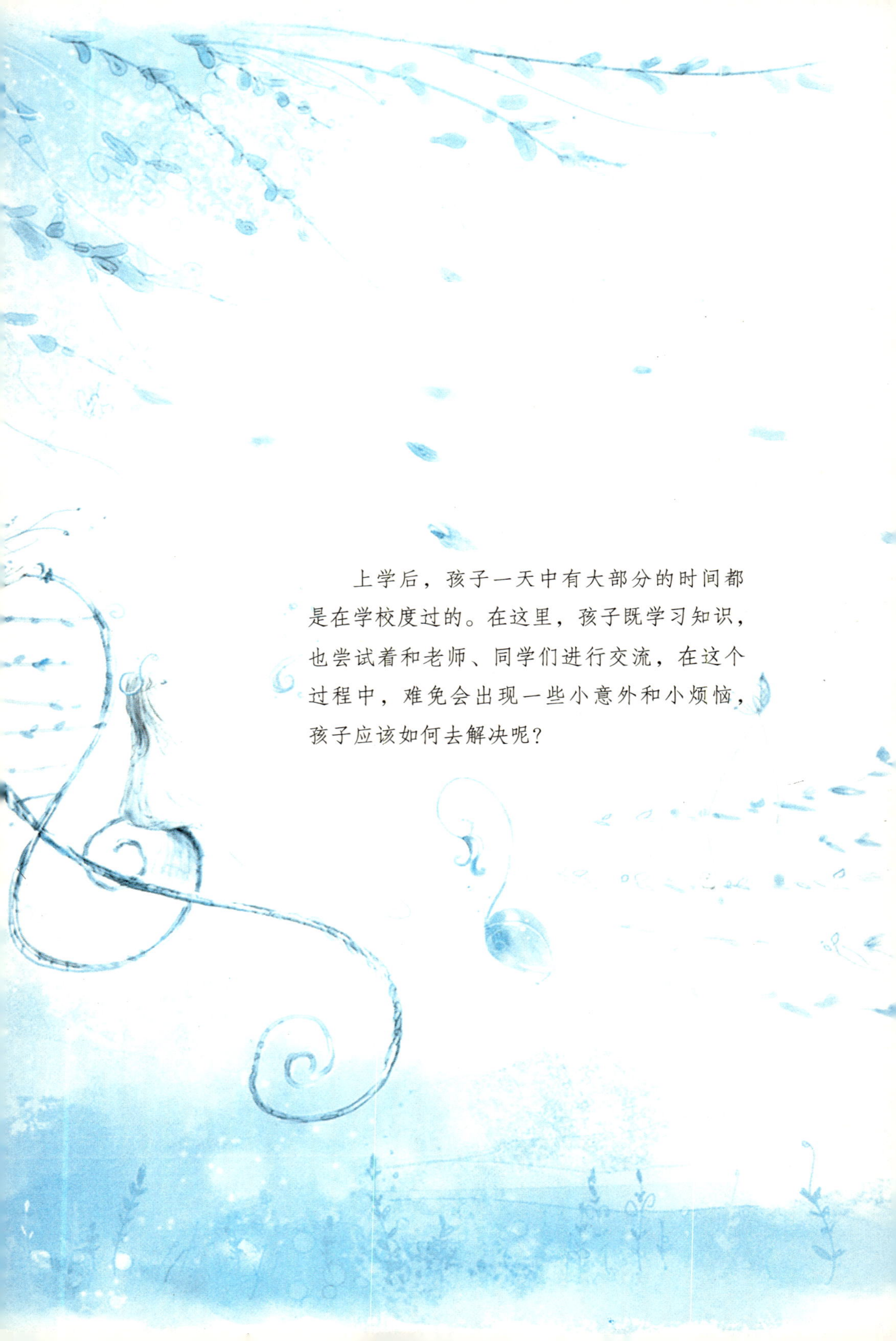

上学后，孩子一天中有大部分的时间都是在学校度过的。在这里，孩子既学习知识，也尝试着和老师、同学们进行交流，在这个过程中，难免会出现一些小意外和小烦恼，孩子应该如何去解决呢？

哎哟，手被门夹了

老师一声令下：下课！同学们纷纷从座位上起来活动。

赢赢从一位同学的旁边经过时碰了一下他的手臂，那个同学不客气地用手打了他一下。

“干嘛打我？”赢赢不高兴地转过身来，“质问”那位同学。

“你先碰我的，我当然要还你一下。”同学理直气壮地说。

“不行，你打得重，我打得轻，我要再还你一下。”赢赢说着就抬起手要打那个同学。那个同学见势不妙，立即向旁边一躲，又敏捷地从座位的另一边跑了出去，站在那儿得意地朝赢赢做鬼脸。

“不许跑，我今天一定要打你一下。”赢赢说着就朝同学追了过去。

“你来呀，你能追上我，我就让你打。”同学见赢赢生气了，更加得意起来，笑嘻嘻地看着赢赢，眼看赢赢要到眼前了，他又转个身朝教室外跑去，赢赢也跟着跑了出去。

两个人追赶着在外面的走廊里转了一圈，同学又返身往教室里跑。他一跑进教室，马上反身关教室门。眼看门差点就关上了，赢赢也跑到了门前。

“今天你跑不了的！”赢赢用手使劲推着门。

两个人一个在里面推，一个在外面推。赢赢一用力，门被推开了一条缝。赢赢一看胜利在望，马上把右手放在门边上，准备一鼓作气把门推开。

这时候，同学也在里面用力，只听见赢赢“哇”的一声大哭起来，紧接着用左手捂着右手大哭了起来。同学们一见出事了，赶紧报告了老师。

老师带着赢赢来到学校的医务室，校医先检查了一下赢赢的伤势，又将药酒擦在他受伤的手指上，然后轻轻按揉了几下。

“你的伤势还不算太严重，晚上记得再用毛巾热敷一下，如果身体其他位置也不舒服，就要让你爸爸妈妈带你去医院进行拍片检查。”送赢赢出门时，校医又叮嘱了几句。

晚上回到家，赢赢按照校医的叮嘱又用毛巾热敷了一遍，到第二天早上起床时，手已经没有那么疼了。

由于孩子不善于保护自己，在日常生活中，手指被门或者其他东西夹到是很常见的事，很多人都有过这种体验。手被门夹后，轻则出血肿胀，重则引起手指切断、指甲脱落或关节出血等。当手指被门夹以后，需要立即采取自救措施，这些自救措施包括：

1. 手被门夹后不要惊慌，如果被夹的手指有出血，应及时进行止血和消毒处理。

2. 如果只是被夹痛了，但是手指没有明显的出血，可以在受伤的手指上擦上药酒，轻轻地按揉，等到有灼热感时，再用力按血管的流向按揉(不要在中午血流速度快的时候按揉)。晚上洗澡时，可以用毛巾热敷受伤手指，一直到皮肤发红，反复几次，可加快受伤部位的血液循环。

3. 如果流血并不严重，可以用肥皂水清洗受伤的部位，用柔软的消毒布包裹，然后用冰袋敷或者把受伤的部位浸泡在冷水中，可减轻疼痛。

4. 如果肿胀明显，指甲下面有出血、流血或者手脚趾有骨折等，应及时去医院看外科医生。

课堂要点： 手被门夹以后，如果有出血，要先进行止血和消毒处理。如果没有出血，也要注意观察，一旦出现较为严重的不适症状，就要马上去医院。

楼梯扶手可不是滑梯

放学铃终于响了，语文老师一声令下："下课……"同学们纷纷冲出了教室。正好其他班级的同学也都冲出来了，争先恐后地冲向楼梯口，顿时楼梯上变得非常拥挤。君君和小叶走在一起，小叶忍不住抱怨起来："怪不得每次去食堂我们总排到了后面，你看，这下楼梯的速度都快赶上蜗牛了。""就是，学校的楼梯要是能再宽点就好了……"正说着，君君的视线被一位同学吸引过去了，"快看！"顺着君君的视线，小叶看到楼梯的扶手上坐着一位同学，不用猜就知道他要从扶手上滑下去。君君和小叶才下了一级台阶，而那位同学已经下了半层楼。

"咦！这样比下楼梯快多了，我们也试试吧！"小叶实在太想早点吃饭，就鼓动起君君来。君君犹豫了一下，"快走吧，不然等会儿别人都从扶手上滑下去，还轮不到我们呢！"小叶不由分说地拉着君君挤到扶手旁，他自己先爬上扶手，滑了下去，君君紧跟着也爬上了扶手。

"乘坐"扶手下楼的速度果然是快多了，不一会儿，他们就从四楼下到了二楼，并且还准备继续"乘坐"扶手下到一楼去，眼看胜利在即，可就在这时候，出事了。

原来，在一楼处，扶手的下端没有任何物体的阻挡，再加上下滑的速度越来越快，小叶一下子冲到了地上，君君紧随其后，也掉下扶手，跌倒在小叶的身上。

君君赶紧从小叶身上爬了起来，正准备拉他起来，却发现小叶趴在地上，眼里含着泪水，脸也变得扭曲了。君君赶紧用双手使劲扶起小叶，可凭他的力量根本就扶不起来。正在君君不知道要怎么办时，一位走下楼梯的老师看到了他们，马上抱起小叶就往医务室赶去。

将楼梯扶手当滑梯来玩，是一件很危险的事，有的孩子因此变成了残疾人甚至葬送了性命。所以，父母和孩子都要充分意识到“乘坐”楼梯扶手的危险性，远离这种危险的游戏。

对于将楼梯扶手当滑梯的游戏，父母需要给孩子讲明白以下两点：

1. 不模仿。在一些电影和电视剧中，经常会看到一些英雄人物从楼梯扶手上直接滑下，孩子们看到后，会觉得那样做很酷，忍不住要去模仿。父母应该给孩子讲清楚，这样的模仿非但不酷，而且还很危险。

2. 及时劝阻。看到其他朋友在楼梯扶手上玩耍，应及时阻止，也不要接受他们的邀请参与其中。如果他们不听劝告，可以及时向老师报告。

孩子自己不要将楼梯扶手当滑梯来玩，如果发现其他小朋友在扶手上玩耍时受伤，要马上向身边的大人或者老师求救，帮助他处理伤口或者送医院。

课堂要点： 看到其他小朋友把楼梯扶手当滑梯时，不但不要参与，还应该阻止他们的行为。

铅笔不是用来啃的

大奇每次拿着铅笔就喜欢放在嘴里啃，妈妈为此说了他好多次，可是大奇根本就管不住自己。

这天晚上，大奇在自己的房间里写作业。前面的作业都不难，他很快就写完了。只有最后一题有点难度，他需要思考一会儿。

大奇心里想着解题的方法，不知不觉就把铅笔头放进了嘴里，并用牙齿啃了起来。这时候，妈妈进来给他送热好的牛奶。

“大奇，我跟你说过多少次了，不要啃铅笔，你怎么就是听不进去呢？”

“对不起妈妈，我不是故意的。”大奇正啃得起劲呢，被妈妈这么一说，这才发现自己又“犯规”了，心情顿时变得很沮丧。

“我都说你多少次了？不是故意的你也要改掉这个习惯，你看看你都把铅笔啃成什么样了？”看着被大奇啃湿的铅笔，妈妈气不打一处来。

“妈妈，我啃铅笔又不是做坏事，你就不能别管吗？”看到妈妈居然生气了，大奇也不客气地说。

“怎么不是做坏事？吃的铅太多了会对身体有害！我给你换一支新铅笔，别再啃了。”

妈妈很快给大奇拿来了一支削好的新铅笔，又拿走了被大奇啃湿的那支铅笔，临出去前还不忘叮嘱一句：“不准再啃了。”

妈妈出去后，大奇的思路也被打断了，他盯着手里的新铅笔看了又看。

“我也不想啃铅笔，又不好吃，可是不啃着铅笔思考，我就想不出解题思路，就像爸爸不抽烟就写不出好的稿子一样。”大奇不明白，妈妈能容忍爸爸抽烟，怎么就不能容忍自己啃铅笔呢？

大奇还是决定先把剩下的一题解决了再想这个问题，不知不觉中，他又把铅笔塞进了嘴巴……

过了一段时间，妈妈发现大奇越来越不对劲，他变得“好动”起来，脾气也变坏了，听老师反映，大奇听课也没有以前专心了，常常走神。妈妈担心大奇患上了“多动症”，就带他去医院检查。

医生看过大奇的血液化验单后，问：“小朋友，我看你的血铅数值比正常小朋友要高出三倍，你平时是不是喜欢啃铅笔呀？”大奇点点头。“以后不要再啃铅笔了，你身体内的含铅量远远高于正常小朋友。记住，以后要多吃海参、海带、紫菜、黑枣、葱、猕猴桃，可以帮你排出体内多余的铅。”

听了医生的话，大奇在心里暗暗下决心要改掉啃铅笔的坏毛病。

如果我们身体内摄入的铅过量，就会对神经系统造成无法挽回的伤害，尤其对妇女和儿童的危害更大。一般来说，儿童身体内的铅含量每上升 100 微克，智商就会下降 6～8 分。铅中毒患儿成年以后，患上中风、高血压、心肌梗死和慢性肾功能衰竭的几率会明显增加。

孩子在啃铅笔时，会将铅芯粉吃进肚子里，导致血铅含量过高甚至是铅中毒，影响孩子的智力成长和身体健康。作为父母，你需要找个时间和孩子分享以下常识：

1. 日常生活中，有很多东西都含有铅，如汽车尾气、孩子爱玩的积木和胶泥、课本、画册等。在爆米花、松花蛋等食物中，铅也有着一定的含量。对于这些，孩子需要做到少闻、少用、少吃。

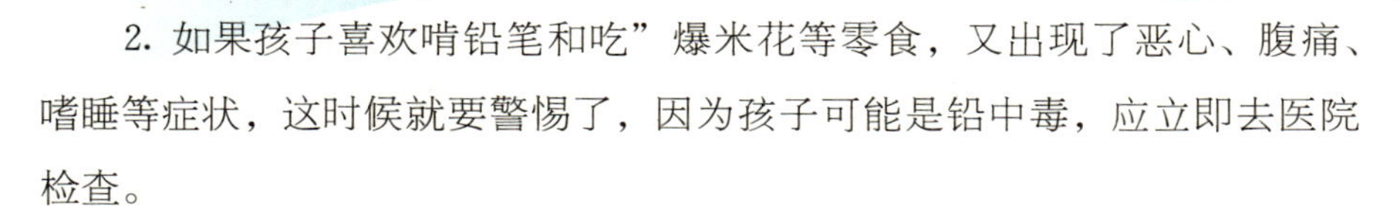

2. 如果孩子喜欢啃铅笔和吃”爆米花等零食，又出现了恶心、腹痛、嗜睡等症状，这时候就要警惕了，因为孩子可能是铅中毒，应立即去医院检查。

3. 如果因为吃进去过多的铅芯粉而导致肚子疼，可以先用毛巾热敷腹部。急救之后，还需要马上请医生进行专业治疗。

课堂要点：防止铅中毒，应该从“戒铅”开始，所以尽量不要啃铅笔，不要大量吃含铅的食物。

小心！别让文具成凶器

下课后，波波在座位上玩手机，同桌皮皮在那玩自己的铅笔。

皮皮的铅笔上带有橡皮，也不知道怎么回事，他突然就看这块橡皮不顺眼，想要把它拽下来。皮皮一手拿着铅笔，一只手紧紧捏着橡皮，两手同时用力向外拉。只听见“啪”的一声响，橡皮被拽下来了，皮皮的左手失去了控制，拿着铅笔就朝波波戳了过去。波波玩手机正起劲呢，铅笔朝他戳过来时，根本就来不及躲闪，尖尖的铅笔芯正好扎到了他的眼睛。

“你干嘛？扎到我眼睛了！”波波捂着眼睛生气地对皮皮说。

“对不起，我不是故意的。”皮皮没想到自己会闯祸，连忙道歉。

“对不起有什么用？你扎到我眼睛了，你赔！你赔！”波波捂着右眼不依不饶起来。

老师听到他们的吵闹声，赶紧走了过来。

宝贝，和妈妈约定
不让自己受伤害

“波波，你的眼睛怎么了？”

“报告老师，皮皮用铅笔扎我的眼睛。”见老师来了，波波更觉得自己理直气壮起来，连哭都忘了。

“老师，我不是故意的。”皮皮可怜巴巴地看着老师。

“现在先不讨论这个了，波波，我们先去校医那儿看看。”老师说完拉着波波就往校医室走去。校医看了看波波的眼睛，无能为力地摇了摇头，“你们还是赶紧去市医院看看吧，眼睛是大事，耽误不得啊。”

老师先打电话通知了波波的爸爸，然后带着波波赶往大医院。

医生对波波的眼睛进行了全面的检查，发现波波的右眼上方有一块已经化脓，且脓中有异物，需要马上进行手术。手术中，医生对波波进行了全麻，并从他的眼睛里取出一截铅笔尖。幸运的是，铅笔尖只是斜着刺穿角膜，但没有扎到眼球，否则波波的一只右眼就有可能被戳瞎。

在医院里治疗一段时间后，波波的眼睛又恢复了正常。

安全知识小课堂

孩子缺少自我保护的能力，对他们来说，即使是文具都有可能成为凶器，伤害到他们的人身安全。所以，在日常生活中，父母要多向孩子普及一些这方面的安全知识，告诉孩子注意以下几点：

1. 别把文具当玩具。有些孩子喜欢把文具拿在手上把玩，结果不小心伤到自己。

2. 对于圆规、小刀等文具，需要妥善放置。因为这一类的文具非常尖锐锋利，不小心碰到就有可能受伤。

3. 如果不慎被文具扎伤弄伤，不管伤到哪儿，都要及时告诉老师或者家人，不要隐瞒实情，以免造成更大的危险。

课堂要点：对于一些具有“杀伤力”的文具，如各种有尖头的笔、刀具等，都应该妥善保存，以避免伤到自己或者他人。

校园里流行传染病

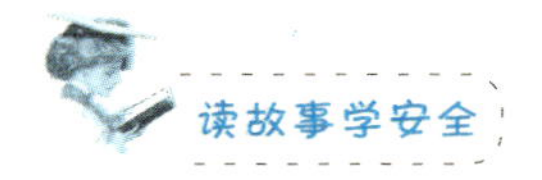

“妈妈，我的好朋友诺诺长水痘了，姨妈不是医生吗？你帮忙问问看要怎么办呀？”放学一回到家，小末书包都还没有放下来，就先给妈妈布置了一道任务。

“什么，诺诺长水痘了？那你这几天不要跟她待一起了，小心她传染给你了。”

“我才不怕呢！再说了，我们是好朋友，我总不能看到她长水痘就疏远她吧，这样多不讲义气呀！”小末明显对妈妈的话不屑一顾。

“你才多大呀，就满口义气义气的。这一次你听我的，先不要和她待在一起，等她好了你们不是又可以一起玩了吗？要是你也给传染上了，以后有你后悔的！记住啊，这几天尽量不要和她一起，我帮她问问你小姨，看有没有这方面的特效药。”

小末根本就没有把妈妈的叮嘱放在心上，依然每天和诺诺一起上学放学，课间时间也在一起玩，有几次还帮诺诺擦治疗水痘的药。

几天后，小末发现自己的脸上、胸前、大腿上都出现了皮疹。

“妈妈，你看我脸上都长了什么？”小末把脸伸到妈妈的面前。妈妈看了看，发现小末的脸上起了很多小红水泡。

“你这些天还跟诺诺在一起玩吗？我告诉过你先暂时和她分开几天，你

就是不听，你看看，现在也染上水痘了吧。”妈妈生气地说。

“妈妈，水痘没你想象的那么可怕，我看诺诺的就快要好了，我的也会很快好起来的。”

“但愿如此，我明天带你去医院看看吧。”妈妈无奈地说。

第二天，小末请了一天假，和妈妈一起去了医院。

医生查看了小末的出痘情况后说：“你这出的是水痘，我给你开一些药，你要每天按时擦药。另外，一定要记住：千万不要抓挠，否则有可能引起大面积的皮肤感染。”

看着医生一脸严肃的样子，小末却不以为然地想：“医生就知道吓人，我天天跟诺诺在一起，也没见她的水痘感染。”

刚开始，小末还能忍住不去抓挠出水痘的地方，可是，越是不抓就越是痒的难受，小末慢慢地就忘了医生的叮嘱，使劲地抓挠出痘的地方，成片的水痘被抓破，小末脸上的皮肤很快出现溃烂、感染。

眼看小末的脸一天天恶化，妈妈只好又带着她去医院，让医生开了一些抗感染的药。结果，原本只需要十多天就能痊愈的水痘，却折磨了小末近二十天。水痘痊愈以后，留下了密密麻麻的疤痕，小末的脸再也无法恢复到以前的美丽。

流行病在校园里最容易引起大面积的爆发，因为校园中人数较密集，只要一个人染上传染病，其他人都有可能被传染。但是，传染病又是不可避免的，当别人染上传染病时，你的孩子怎样做才能尽量减小染病的可能性呢？不妨告诉孩子这样做：

1. 一旦发现周围有同学患上传染病，要马上帮他报告老师，不能隐瞒病情。

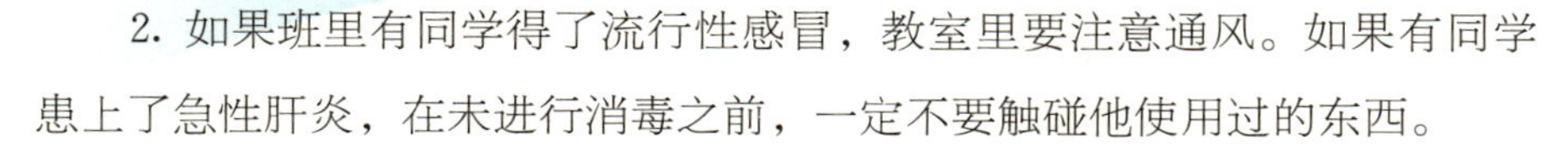

2. 如果班里有同学得了流行性感冒，教室里要注意通风。如果有同学患上了急性肝炎，在未进行消毒之前，一定不要触碰他使用过的东西。

3. 在传染病流行期间，要讲究个人卫生，勤洗手勤刷牙。如果不小心染上，要马上告诉老师或者是爸爸妈妈，让他们带自己去医院接受治疗。

课堂要点： 对于传染病，最重要的是防。如果学校有同学染上传染病，就要配合老师做好防治工作，不要等染病上身再后悔莫及。

不好，有人打架

阿诺走进学校大门，又匆匆忙忙朝教学楼走去。

“明明是你先撞我的……呜呜……我要报告老师！”听到声音，阿诺连忙放慢了脚步，在好奇心的驱使下，他忍不住朝前走了两步，在路口的转角处，阿诺看到一个小个子男生正在用手抹眼睛，在他的面前站着一个个子比阿诺还高的男生。

“我不管，你今天必须给我道歉，不然别想走！”高个子一脸霸道地说。

“凭什么给你道歉？又不是我撞你，是你撞上我的，道歉也应该是你道歉才对！”小个子没有再抹眼睛了，抬起头盯着大个子。

“不道歉是吧？看来你是想尝尝我的拳头的滋味……”话还未说完，高个子一拳打在了小个子的脸上。

“呜呜呜……”

阿诺很想上去帮那个小个子，可是他担心自己不是高个子的对手。阿

诺向另外一条路上望去，正好看到班上的成成。

“成成!”阿诺招了招手，示意成成到他这边来。

“成成，我们从这边过。”阿诺拉起成成的手，径直朝高个子他们这边走了过来。

“哎呀，小阳，你在这里干什么，老师就快要上课了!”阿诺假装没有注意到高个子的样子，对着那个小个子叫起来，旁边的成成更是一头的雾水。

“快走吧，我们就快要迟到了。”阿诺拉起小个子的手就走。高个子见他们人多，马上转身朝另外一个方向走了。这时候，阿诺看见了他的书包，那个书包上有一只鹰的图案。

到了教学楼楼下，阿诺让成成先去了教室，他自己和小个子一起去找学校的领导，他们将事情的经过和那位高个子同学的外貌特征告诉了领导，然后才赶到教室上课。

不久，学校领导根据阿诺他们提供的线索，找到了那位高个子。原来，这位高个子在学校里欺负同学已经不是第一回了，他仗着自己个子高，经常找低年级同学的麻烦。学校狠狠地将高个子批评了一顿，并对他提出严重警告。

在学校里，学生之间打架并不少见，有时候社会人员也会去校园里寻衅滋事。这种情况可能刚好会让你的孩子碰到，此时，孩子应该怎样做呢?

1. 碰到有人打架时，首先应该保证自己的安全。不要围观，不要为其中的一方呐喊助威，远离打架现场。

2. 记清当事人的体貌特征、服饰特征和其他一些比较明显的特征。

3. 立刻找到学校领导、老师，或者是其他一些能帮忙解决问题的大人，

把他们带到发生事件的地方。

4. 实在找不到大人，也可以拨打 110 报警电话，把学校的名字、地址告诉警察。

课堂要点： 碰到他人打架时，既不能上前帮忙打，也不能事不关己地走开。而是要想办法报警，或者报告能有效制止打架事件的人。

小强太讨厌了，老是欺负我

米莎最近有点害怕上学，因为她的后面坐着一名讨厌的男生小强。

说到小强，米莎真是又气又怕，他仿佛就是专门为了欺负米莎才去学校的，米莎每天都要被他欺负好几次。

拿周一这天来说，米莎来到教室后，放下书包就准备坐下，结果小强从她后面抽掉了她的椅子，米莎坐到一半时发现不对劲，但是已经来不及了，她“啪”的一下跌倒在地上，旁边的同学都哈哈大笑，小强笑得更是得意。

还有一次，小强将自己给米莎取的外号——“米虫”写在一张纸上，然后用透明胶粘在米莎的小辫子上，被其他同学看到后，纷纷取笑米莎。

小强欺负米莎的事例实在是太多了，仅仅上课时用铅笔捅米莎后背这种恶作剧，小强每星期要重复十次以上。对小强的行为，米莎实在忍无可忍，却又不知道怎么办才好。

这天早晨，米莎感觉到喉咙有点不舒服。

“妈妈，我不想去上学了。”

“怎么了?”妈妈关切地问道。

“我喉咙有点不舒服，不想去。”米莎不想告诉妈妈，自己不想上学是因为不想见到小强。

妈妈用手摸了摸米莎的额头，又疑惑地看了看米莎，问：“很不舒服吗?”米莎摇了摇头。

“那先去上学吧，要是难受就让老师给妈妈打电话，妈妈去接你。”

“妈妈，我不想去学校!”米莎突然朝妈妈喊了出来，眼泪也一下子出来了。

“莎莎，你今天怎么了？有什么事你就给妈妈讲。”

在妈妈的再三追问下，米莎才告诉妈妈，小强在学校总是欺负自己。这天，妈妈打电话到公司请了一上午的假，陪着米莎去了学校。

当着妈妈的面，米莎向班主任讲述了自己总是被小强欺负的事情。班主任叫来小强，将他批评了一顿。以后的几天里，小强收敛了许多，再也没有故意找米莎的麻烦。后来，班里调动座位，米莎再也不用和小强坐前后座了。

由于孩子年龄较小，在学校被人欺负也不敢反抗，甚至是不敢声张。这样做并不能解决问题，还会助长对方的气焰。所以，在这个问题上，父母一定不能掉以轻心，要教会孩子正确的处理方法。那么，当孩子在学校里被别人欺负时，应该如何应对呢?

1. 被人欺负时，不要害怕，不要忍气吞声，因为这样会助长对方的气焰。

2. 被人欺负时，要及时地向他人求助。在学校里，可以向老师报告。

如果不敢向老师报告，也可以告诉爸爸妈妈，让他们帮自己找老师沟通。

3. 无论发生什么，都不要憋在心里，要及时告诉父母。

课堂要点： 在面对个性调皮、喜欢欺负人的同学时，一定不要胆小怕事，也不要采用同样的方式去对待同学，不要以牙还牙，最好是及时向家长、老师报告。

又要一个人回家，怕怕

放学后，佳宝照例在校门口等着爷爷来接自己放学。可是左等右等，直到所有的同学都离开了，佳宝还在校门口等着。

“爷爷怎么还不来，天都快黑了。”佳宝看了看天，已经看不到太阳了。可是爷爷还没有来接他。要是在平时，佳宝只要一走出校门就会看到等在那儿的爷爷。

“小朋友，家里人还没有来接你吗？要不要我帮你打电话问问看？”看门的伯伯友好地说。

佳宝谢过伯伯后，和他一起去门卫室给家里打电话，可是根本就没有人接。眼看天就要黑了，佳宝更加着急。

“我还是自己回家吧，估计今天爷爷不会来了。”佳宝迈开步子朝家里走去。

学校离家不远，回家的路佳宝也都记得，只不过天已经全黑下来了，她一个人走在路上，心里还是有点害怕。

“哎，要是早知道爷爷不来，一放学我就自己往家里走，这时候早该到家了。现在天这么黑，不知道会不会碰到妖怪！”想到妖怪，佳宝丰富的想象力马上开始启动，动画片中看到的妖怪形象全都从她脑子里跑了出来，佳宝害怕地闭上了眼睛。

“不要想不要想，爸爸说世界上根本就没有妖怪！”佳宝使劲地摇摇头，试着将妖怪的形象从脑子里摇散。可是越是摇头，“妖怪”的形象在她脑子里就越是清晰。

“啦啦啦啦啦……”佳宝睁开眼睛，大声地哼着歌，大踏步地朝前走。歌声让她暂时忘记想妖怪的样子，佳宝继续哼着刚从学校学会的歌朝前走。

佳宝已经走进了家门前的那个小巷子，她正犹豫着要不要迈动步子走进去，突然前面有一个黑影向她这边走过来。

“这个会不会是坏人？不行，我要等他走过来了我再进巷子。”佳宝经常听老师说坏人都是躲在黑暗的巷子里，趁晚上没人的时候出来抓小孩，佳宝可不想被坏人抓走，她就等在巷子口，那里正对着一户人家的大门。

“如果这个黑影敢抓我，我就喊救命。”佳宝暗暗打定主意。

“佳宝，是你吗？”黑影突然发出的声音吓了佳宝一跳，不过她很快镇定下来，分辨出那声音和爷爷的声音很像。

“佳宝，我是爷爷。”

“啊！爷爷，原来是你呀！”佳宝赶紧朝爷爷跑了过去，跟着爷爷一起回了家。

原来，爷爷下午出门时迷路了，到晚上八点多才被好心人送回家，所以就没来得及去接佳宝。

对于读小学的孩子来说，独自回家确实是一个很大的考验，特别在黑

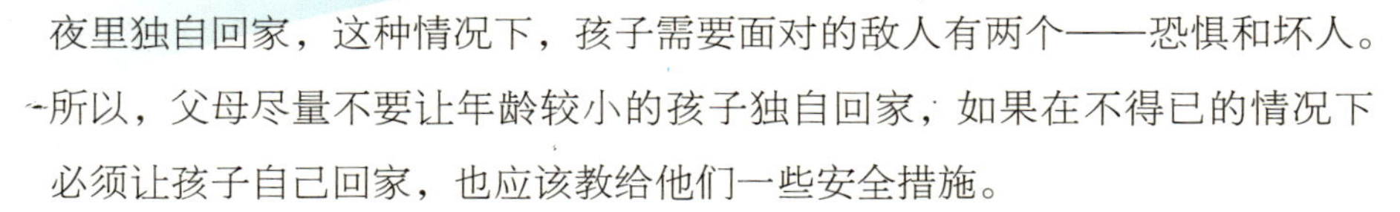

夜里独自回家，这种情况下，孩子需要面对的敌人有两个——恐惧和坏人。所以，父母尽量不要让年龄较小的孩子独自回家，如果在不得已的情况下必须让孩子自己回家，也应该教给他们一些安全措施。

1. 放学后，如果爸爸妈妈或者其他接送的人没有及时赶到，可以去老师的办公室给家里人打电话，让他们及时来接自己。

2. 如果父母无法接自己，可以和离自己家近的同学一起结伴回家。

3. 独自回家前，先在学校里上好厕所，以免在路上找公厕。准备好手电筒和哨子，将书包和其他重要物品靠马路内侧或者身前拎挂。

4. 在独自回家的路上，如果有陌生人主动提出要送你回家，千万不能答应，马上跑到人多的地方去，摆脱陌生人。

5. 独自回家时，尽量避开偏僻的小路、巷子，走人多的地方。

6. 如果遇到特殊情况，父母无法接送，可以请老师送自己回家。

课堂要点： 年龄小的孩子尽量不要自己回家，如果不得已只能自己回，则应该趁天黑前赶回家，再不行的话，应该随身带上一些便携的防护武器，以应对意外情况的发生。

呜呜，老师打人了

阿布早上起晚了，没来得及吃早饭就去了学校。

到学校后，他翻了翻抽屉，找到了一袋吃剩的饼干。“还好，还有点吃的，今天应该能对付过去。”阿布抢在老师来教室之前吃了几片。

第三节课上到一半，阿布的肚子饿得咕咕叫，他用书挡着自己的脸，然后从抽屉里摸出一片饼干，塞进嘴巴里。一片饼干下肚，阿布感觉没那么饿了，饼干的味道似乎也比以前要好，他忍不住又吃了一片。

“阿布，你用书遮着脸怎么听课？把书放下来！”正在讲课的李老师突然说出这么一句话，所有的同学都朝阿布看过去，但是阿布面前的书并没有挪动，班里响起了几声笑声。

“阿布，把你的书放下来，听见没有？”李老师的声音提高了八度，可是阿布仿佛没有听见一样，这次没人笑了，李老师的脸色铁青。

“阿布，你给我到前面来！”这一次阿布没有违抗命令，一言不发地走到了讲台前。

“嘴巴里有什么？给我吐出来！”看到阿布鼓着的嘴巴，李老师顿时火冒三丈。

教室里变得异常寂静，同学们都为阿布捏一把汗。阿布似乎并没有意识到问题的严重性，他看了看李老师，并没有吐出嘴巴里的饼干。

“你今天必须给我吐出来，不然我们今天就别上课了！”李老师愤怒到了极点，当着全班同学的面大声训斥阿布，训到激动处，他还动手打了阿布的脸。长到十多岁，阿布还从来没有被人打过脸呢，连爸爸妈妈都没有打过。阿布心中的怒气一下子被点燃了，和李老师争执起来。

下课后，李老师把阿布叫到办公室里，对他又是一顿训斥。

放学回到家，阿布给爸爸妈妈讲了自己被打的事。问清了事情的前因后果后，爸爸先批评了阿布上课吃东西的行为。阿布本以为爸爸妈妈听说他被打了，会主动去找老师算账，没想到结果反而被批评了，心里很不服气。

“难道你们觉得我就应该被打吗？老师打人，他也不对啊！”

“确实，老师也有不对的地方，但是是你不对在前的。明天我去一趟你们学校，和你们老师谈一下。”

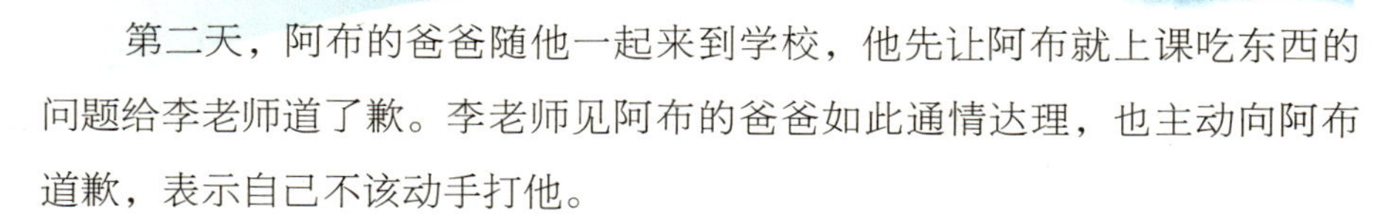

第二天，阿布的爸爸随他一起来到学校，他先让阿布就上课吃东西的问题给李老师道了歉。李老师见阿布的爸爸如此通情达理，也主动向阿布道歉，表示自己不该动手打他。

这次事件之后，阿布再也没有在课堂上吃过东西，而李老师对他还像以前一样，丝毫没有因为阿布曾经顶撞过自己而记他的仇。

今天，老师体罚学生的问题依然存在。孩子被体罚，父母知道后会很难受，但这并不意味着要告诉孩子：和老师对骂、对打，报复老师，而是要教给孩子更理智的做法。现实生活中，由于父母处理不当，导致孩子与老师关系恶化的事例非常多，结果受伤害的依然是孩子，所以，在这件事情上，父母一定要保持足够的理智，教给孩子正确的处理方法。

当孩子遭遇老师的体罚时，应该如何做呢?

1. 被老师训斥时，不要顶撞，以免老师因为情绪过激而出现暴力行为。

2. 被老师体罚以后，一定要把整件事告诉父母或者身边的亲人，以得到他们的帮助，必要时还要用法律来保护自己。

课堂要点： 与老师发生冲突时，要多想想自己什么地方做得不对，站在老师的角度考虑问题。如果确实是老师的不对，可以将事情经过告诉父母或亲人，寻求他们的帮助。

好伤心，被老师误会了

闹闹是班里的调皮大王，下课时，他从来不会老老实实地待在自己的座位上，不是追着同学满教室跑，就是被同学追得满教室跑。提起这个学生，老师们的印象非常一致，那就是他人如其名，非常能闹。

这天下课后，闹闹又和一位同学打闹起来，并且被同学追到了教室外面。当他们重新回到教室时，闹闹看到一堆人站在讲桌前面，他挤进去一看，发现张老师的杯子正躺在地上，里面的水泼了一地。

原来，下节课还是张老师上，他就把自己的杯子留在了讲台上，结果不知道被谁碰翻了。

“小野，这下你倒霉了，居然把张老师的杯子给碰翻了，看张老师不批评你！”一位同学幸灾乐祸地说，其他同学的目光也纷纷投向小野，只见他正不知所措地站在那儿。这时候，上课铃声响了，张老师踏着铃声走进教室，围观的同学们一哄而散，纷纷回到自己的座位上，他们在心里猜测着老师将会有怎样的表现。

张老师首先看到了地上的一摊水，又拿起水杯看了看，马上明白了是怎么回事。

“闹闹，你给我站起来！”

“老师，不是我把你的杯子弄翻的。”闹闹一看老师的脸色，就明白是他误会自己了，连忙解释道。

“不是你还能有谁？我给你说过多少次，下课时安静点，不要总是打打

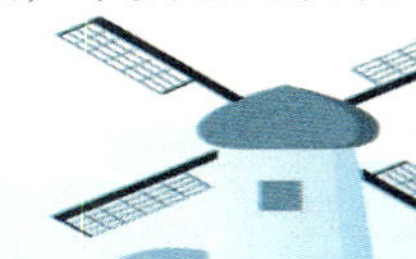

闹闹的，你就是不听。现在闯祸了还不承认！”张老师认定是闹闹闯下的祸，是因为他进门时看到闹闹也在围观的人群里面，而且闹闹平时最爱和同学打闹，不是碰到这儿就是磕到那儿，除了他，班上没有人会闯这种祸。

“张老师，真的不是我，不信你问问其他同学。”

“好了，先不讨论这个问题，下课后你到我办公室来一趟。”

下课后，闹闹第一个站了起来，随着张老师去了办公室。

“老师，真的不是我，你要是不相信，就找班长过来问问看，他当时也在场。”还没等张老师坐下，闹闹又开始为自己解释。

看到闹闹一脸认真的表情，张老师挥挥手，“你去把班长叫来，我问问他。”

张老师通过班长得知自己的水杯是小野弄掉的，并不是闹闹所为。第二天上课时，张老师当着全班同学的面给闹闹道了歉。

老师也是人，难免会有误解学生的时候，这时候，学生应该怎么办呢？作为父母，你可以告诉你的孩子这样做：

1. 被老师冤枉时，要先耐心地听老师把话讲完，不要急着争辩，否则有可能会加深老师对自己的坏印象。等老师讲完后，再把事情的来龙去脉告诉老师。

2. 如果当时还有其他同学在场，可以请这些了解事情经过的同学到老师那里说明情况。

3. 如果老师依然不相信，可以将事情的真实情况告诉父母，让父母找老师说明情况。

4. 对于老师批评的话要认真思考，想一下自己为什么会被冤枉，做到“有则改之，无则加勉”。

课堂要点： 如果被老师误会了，不要跟老师赌气、争吵，而是要想办法把误会解释清楚。

报告老师，我生病了

早晨出门时，拉拉才发现气温有点低，可是，如果上楼去重换衣服，时间又不够了。

“坐在教室里也许会暖和一点儿吧。”拉拉看了看天，还是勇敢地走出了小区。等公交车的时候，大风呼呼地刮着拉拉单薄的衣衫，让拉拉以为冬天已经提前来临了，她一心盼望着公交车能早点到。

然而，司机好像故意和她开了一个玩笑，等了十多分钟，连公交车的影子都还没有看到。

“早知道这样，我刚才就应该回家换身衣服，反正都得迟到。”拉拉心里边抱怨迟到的公交车，边裹紧了身上的衣服。

又过了五分钟左右，公交车终于来了，拉拉赶紧跳上了车。

中午上课时，拉拉突然连续打了好几个喷嚏，紧接着鼻涕控制不住地往下流。

“糟了，我好像是感冒了。”拉拉心里有种不祥的预感。“暂时还没有太不舒服，等放学回家了再吃点药吧。”这样想过后，拉拉又接着听老师讲课。

拉拉的午饭是在学校里吃的，她本来打算扛过一天，等晚上回家再吃点药，可是她穿得太少了，到了下午，感冒症状又加重，除了流鼻涕之外，

她还感觉有点鼻塞和头痛，连老师讲课都听不进去。

“脑袋真沉啊！”拉拉忍不住趴在桌子上。

“拉拉，你怎么了？”下课后，老师朝她的座位走了过来。

“报告老师，我好像生病了，头特别痛。”拉拉有气无力地说。

“你怎么不早说呢，快起来，我带你去医务室看看。”

老师给拉拉披了一件自己的衣服，又带着她去了医务室。校医询问了拉拉的感冒症状后，给她开了一些治感冒的药，然后让拉拉先在医务室里休息。

放学后，老师把拉拉送回了家。

如果孩子在家里生病，父母会想办法照顾好孩子。可是，如果孩子在学校生病了，父母不在身边时，孩子又应该如何照顾自己呢？父母不妨告诉孩子这样做：

1. 在学校里发现自己生病了，一定要及时举手告诉老师，尽量不要因为任何理由而隐瞒病情。

2. 不要自己给自己看病，也不要乱吃药。作为一名小学生，还不能正确地掌握药品的用法，乱吃药可能会使病情更加严重。

3. 发现自己生病以后，最好让老师带你去学校的医务室看病、开药。

4. 把家长的联系方式告诉老师，让老师联系家长。如果病情比较严重，需要及时去医院治疗。

课堂要点： 在课堂上生病时，不要硬撑，也不要自己乱吃药，要及时告诉任课老师或者班主任。

每次都被勒索，怎么办

放学后，小辉和小林结伴回家，两人一路上说说笑笑。

“我爸爸上周带我去欢乐谷玩，里面有许多好玩的东西，我们玩了整整一天。”小辉兴奋地说。

“那有什么了不起的，我爸准备今年暑假带我去香港的迪斯尼乐园，怎么样，没去过吧？”小林得意地说。

“香港的迪斯尼有什么好玩的，我爸说要去就去美国的迪斯尼！”

“吃不到葡萄说葡萄酸，你就是老师讲课的时候说的那只狐狸吧，哈哈！”

“你才是狐狸呢！”小辉说着就要去打小林，两人打打闹闹地跑到一处偏僻的巷子里时，面前突然跳出两个高个子少年挡住了他们的去路。小辉赶紧拉起吓呆了的小林转头就跑，可是没跑几步，他们就被那两个少年给逮住了。

“先别急着跑，把你们身上的钱都给我掏出来，不然今天就别想回家！”

“我们没有钱，今天的零花钱都花光了。”小林嘟囔着说。

“我一看你们俩就不像没钱的样子，快点把钱拿出来，不然我们可要搜身了，如果搜出钱来，我饶不了你们！”其中一个瘦瘦高高的少年恶狠狠地说道。

小辉用胳膊碰了碰小林，然后主动从口袋里掏出十多块钱，小林见小辉主动掏钱了，自己也从书包里翻出了些零用钱，都交给了这两位少年。他们又在小辉和小林的口袋里翻了翻，拿走了小辉的 MP4，而小林口袋里只有一袋餐巾纸，瘦高个少年骂骂咧咧地打了小林一耳光，然后和他的同伴一起离开了。

小辉回到家后，将自己被抢的事情告诉了爸爸妈妈，爸爸拨打了 110，小辉也将自己记住的两位少年的形象描述给警察叔叔听。几天后，这两位少年在一次敲诈勒索时被家长逮住，送去了派出所，小辉和小林的损失也得到了相应的赔偿。

安全知识小课堂

在当今社会，敲诈勒索经常会发生，特别是在未成年人的身上更是多见，在校园内外，我们常常会看到有高年级的学生勒索低年级的学生，或者是社会青年敲诈在校学生，这时候，我们往往是力量较弱的一方，要怎么样才能最大限度地保护自己的财产和自身安全呢？这里面也有一些技巧。

1. 无论是在校内还是校外，遇到有人敲诈勒索时，首先要保持冷静，可以先把自己身边的钱交出来。在与敲诈者周旋的同时，应该记住对方的体貌特征。如果此时刚好有人路过，要大声呼喊求救，然后立即跑开。

2. 遇到有人敲诈时，最重要的是维护自己的人身安全，并记住对方的特征。事后再报告家长、老师，或拨打 110 报警电话。以后再经过被勒索过的地方时，尽量和同学们结伴，或者换一条路走。

3. 在学校时不要炫富，独自行走时最好不要携带贵重物品，这会给人留下你家很有钱的感觉，加大被勒索的概率。

4. 独自去见陌生人时，身上不要携带过多财物，特别是一些贵重物品，如手提电脑、贵重的手表、首饰、手机等，也不要携带太多现金。

5. 在与陌生人交往的过程中，应严格保守个人和家里的隐私，不要轻易透露给对方你家里的财产状况，也不要透露父母或者其他亲人的住宅地址、电话、具体工作地点、工作单位等有关家庭事业的隐私信息，不要过于相信陌生人。

6. 如果被勒索，事后应该立即报案，并向相关工作人员描述罪犯的相关特征。

课堂要点：被人勒索时，在实在想不出更好办法的情况下，不妨把身上的财物给劫匪，因为对于每个人来说，生命才是最重要的。

运动前的热身并非多余

读故事学安全

“同学们，你们的体育老师今天临时有事，让我来代课。这节课你们就自由活动吧。”这位老师说完，就做了一个解散的手势。

“走，我们玩单杠去！”肖扬拉着米洛的手臂就向单杠跑去。

“等等，我不会玩单杠，还是去跳远吧。”米洛看到高高的单杠就怕，也不想去尝试。

“走吧走吧，我教你怎么玩，很简单的。”

米洛还想再说什么，但已经被肖扬拉过去了。

“你先看看我怎么做，你也跟着做就行了。”肖扬冲到单杠前，两手举高抓住单杠，然后双脚抬起，两只手臂再一用力，他的头就蹿到单杠上面去了。接着，肖扬又把双脚垂下，两手一松，很轻松地就落到了地上。

“你去试试看。”肖扬把米洛推到了单杠前，又帮他用双手抓住了单杠。

“好了，你手臂用力，试着把脚抬上去。”

米洛按照肖扬说的去做，脚果然抬上去了，这个小小的成功让他信心大增，他决定模仿肖扬刚才的样子，将身体上抬。

米洛深呼一口气，然后双手用力向上。但是，也许是他手臂的力量太弱，所以并没有像肖扬那样上身腾起。米洛又试了一下，还是不行。

“我不玩了。”米洛说着就松开双手。

“哎哟!”米洛大叫一声跌倒在地上，肖扬赶紧冲了过去。

“哎哟，我的脚好像扭伤了。”米洛一脸痛苦地说。

肖扬连忙去看米洛的脚，发现他的脚腕部位已经有点青肿。

“站起来走走看，能走路吗?”肖扬试着把米洛扶起来。米洛刚把脚放在地上，马上大叫起来。

“不行，脚一着地就疼!”

为了保持身体的平衡，米洛不得不扶着肖扬的肩膀。

“我们找老师去吧。”肖扬扶着走路一蹦一蹦的米洛去找王老师。王老师一边交代班长照看好班上的同学，一边抱着米洛去找车，亲自送他去医院。

医生边认真帮米洛检查伤势，边问他：“小朋友，你是不是在运动之前没有进行热身活动?”

米洛点了点头。

“下次运动之前一定要认真做好热身运动，不然很容易扭伤拉伤。你看看你的脚，不仅把关节扭伤了，肌肉和韧带也严重拉伤，需要两三个月才能痊愈。”

医生说完，又让护士给米洛做好包扎，并给他开了一些内服和外用的药。

热身运动是剧烈运动之前必不可少的一个环节，能起到放松身体的作用。打个比方，在寒冷的冬天里，如果手被冻僵，这时候拿笔写作业时，一定会感到手不听使唤，写字特别慢，而且还难看。这时候，如果能够先放下笔，将两只手放在一起使劲搓搓，等到手指头发热时再写作业，就能写得又快又好。

在身体还没有完全进入状态时，做的动作又慢又差；而做完热身运动之后，身体完全进入状态了，动作就可以做得又快又好。所以，在进行体育活动之前，要先做一些热身运动。热身运动能让我们在运动中有更好的表现，还能防止我们在运动中受伤。

所以，父母需要告诉孩子，运动之前的热身活动并不是多余的，在上体育课时，要注意做到以下两点：

1. 在上体育课或者做运动之前，要认真听老师讲解动作要领，避免因为动作不规范而使身体受到伤害。

2. 一旦在运动中发生意外，要立即向老师报告，以免耽误诊治。

课堂要点： 热身运动并非可做可不做，在做剧烈运动之前，一定要先做好热身运动。

避免校园踩踏事故

读故事学安全

放学后，小力赶紧冲出教室，因为这样就不用被堵在楼梯里面，可以节省十多分钟的下楼时间。

小力他们班级在最高的一楼——六楼，平时如果老师不拖堂，小力总是能很顺利地冲下去，整个下楼的时间不超过一分钟。可是今天的语文老师稍微拖了一会儿，小力冲到五楼时，就发现楼梯上已经人头攒动。

“看来今天只能和大家一起慢慢下楼梯了。”小力加入了下楼梯的大军中。由于人太多，下楼的速度很慢，再加上大家的肚子都饿了。走在后面的人难免着急，纷纷着急地向前涌去。

在从四楼走到三楼的楼梯口处，小力发现那里有很多同学挤成一团。当人流缓缓地从二楼到一楼时，拥挤变得更加厉害。突然，小力看到有大约七八个人摔倒在楼梯的平台上。

离摔倒的同学最近的人见有人摔倒，马上停止了脚步，但是，后面的同学根本不知道前面到底发生了什么状况，还以为前面的人故意挡住他们的去路，就用手在后面使劲推。小力个子较高，看见前面发生的情况后，马上停下脚步。可是，他刚停下来，后面就有同学用手在推他。

悲剧就在这个时候发生了，那些被后面人推得站都站不住的同学顺势摔倒，压在了已经摔倒的同学的身上，有的慌乱中踩到了那些摔倒的同学。幸运的是，小力刚好在靠扶手的一侧走，他赶紧用手抓住扶手，才没有被后面的人推倒。可是，在楼梯的另一侧，一大片人扑了下去。

此时，被压住或者即将被推倒的同学纷纷大声呼喊，小力完全被眼前的一幕惊吓住了。当他发现后面居然还有同学在推时，急忙大声喊道：“大家别推，有人摔倒啦！”这一声呼喊让一些不知情的同学停了下来。

此时，在楼梯的平台处，学生压着学生，在那里堆了一堆。

正在下楼的一位老师看到了眼前的情景，大呼一声“马上救人”。很快，数位老师在楼梯上排成一条“人链”，一个个将倒在地上的孩子抱起来，传下楼。其他帮不上忙的人则纷纷拨打 110、120、119 等电话，20 分钟之内，救护车、消防车、警车等到达现场，将受伤的孩子送到医院。

在学校的操场、食堂、礼堂等场所，以及楼梯、过道等地方，很容易

发生踩踏事件，威胁孩子的人身安全。作为家长，如果有时间，不妨给孩子讲讲这方面的安全知识。

那么，孩子应该如何在这类事故中安全逃生呢？

1. 在人多时下楼，要走右边，不要和同学并排着边走边聊。这样很容易造成楼梯堵塞，影响他人通行，也容易引起后面人的不满。

2. 学校开完会后，不要急着冲出去，要按照老师的指引，慢慢离开。

3. 发现有人向自己这边涌来时，马上避到一旁，如旁边的教室里或者拐角处，但是不要奔跑，这样容易摔倒。人数众多时，千万不要逆着人流前进。

4. 如果鞋带松开或者鞋子被踩掉，不要弯腰去系鞋带或者捡鞋子，否则有可能被绊倒甚至被踩踏。

5. 发生拥堵时，如果有可能，要及时抓住一样牢固的东西，如柱子、树之类的，防止自己摔倒。

6. 看到自己前面有人摔倒时，要马上大声呼喊，让后面的人停下来，否则后面不知情的人可能会使劲推你。

7. 万一不小心被推倒了，要想办法站起来，或者是靠近墙壁。然后面向墙壁，身体曲成球状，双手紧扣在颈后，保护身体的重要部位。

课堂要点： 对待踩踏事故，最好的逃生方法就是提前预防，千万不要让自己成为被挤得摔倒的那一个。

安全小测试

这一章的学习结束了，你学到了多少安全知识呢？我们可以通过下面的自我测试来检测一下。

1. 手指被门夹伤后，下面采取的措施中，哪一种是错误的？

   a. 在受伤的手指上擦上药酒，轻轻按揉

   b. 如果手指出血，先用肥皂水清洗受伤的部位，再用柔软的消毒布包裹

   c. 使劲揉手指减轻疼痛

2. 下课了，下面的哪些游戏方式不可取？

   a. 在操场上和同学一起跳绳、踢球

   b. 把楼梯扶手当滑翔机

   c. 和同学们一起玩益智游戏

3. 看到有同学把楼梯扶手当滑梯，我们应该：

   a. 及时阻止

   b. 向同学学习，也爬上扶手滑着玩

   c. 像什么都没看见一样走过

4. 下面哪些物品中的含铅量较高？

   a. 汽车尾气、积木和胶泥、课本、爆米花、松花蛋等

   b. 树木，花草

   c. 面包，米饭

5. 下面列出的文具中，哪些容易成为凶器？

   a. 橡皮

   b. 文具盒

   c. 铅笔、小刀

6. 下列疾病中，哪些属于传染病？

   a. 风疹、水痘、麻疹、流行性腮腺炎、肺结核

   b. 感冒、伤风

   c. 食物中毒

7. 当发现同学患上传染病时，应该：

   a. 谁也不告诉，自己离患病的同学远远的

b. 不告诉老师，但是私下里告诉全班同学

c. 马上报告老师，并和患病同学保持距离

8. 发现学校里有人打架时，我们应该：

a. 赶紧躲得远远的

b. 马上报告老师或者学校领导

c. 凑过去看热闹

9. 班里有同学欺负你时，你应该：

a. 鼓起勇气对欺负自己的人说“不!”“停止!”并向父母、老师、同学寻求帮助。

b. 学习空手道，找机会狠狠报复欺负自己的同学

c. 不敢告诉任何人，坚决要求父母为自己转学

10. 放学后，如果不得不独自回家，下列做法中，不正确的是：

a. 尽量选人多的路走

b. 有陌生人搭讪时不要理会

c. 有陌生人问路时，帮他带路

11. 当老师批评你时，你应该：

a. 认为老师批评的不对，和老师顶嘴

b. 如果老师批评的对，就接受并向老师道歉

c. 故意在课堂上捣乱，报复老师

12. 下列哪一种不属于体罚？

a. 罚站

b. 打手或者打脸

c. 斥责

13. 当老师误会自己时，下列哪种做法是错误的？

a. 生老师的气，以后再也不好好学习了

b. 如果老师实在不相信自己，就告诉爸爸妈妈，让他们跟老师解释

c. 耐心和老师解释清楚，或者找其他人为自己作证

14. 在学校时，如果发现自己生病了，应该：

a. 马上告诉老师，让老师带自己去看医生

b. 坚持到放学，回家后再让爸爸妈妈带自己去看医生

c. 给老师请个假，然后自己回家休息

15. 下列哪种行为容易招惹勒索？

a. 认真学习

b. 炫富、花钱大手大脚

c. 放学路上和同学结伴走

16. 在学校，遇到有人勒索自己时，应该：

a. 交出财物，记住对方的长相特征，事后再报告给老师

b. 自认倒霉，交出财物后什么都不做

c. 坚决不把身上的钱财给对方

17. 由于热身不足，在运动过程中受伤，一旦受伤，应该采取什么措施？

a. 要立即停止运动，小心保护受伤部位，以免二次受伤

b. 用湿毛巾包上冰块，敷在伤处，每 2～3 小时冰敷 20～30 分钟

c. 将受伤的部位抬得比心脏略高

18. 在运动中发生意外伤害事故后，下列哪种做法是错误的？

a. 碰伤较严重的时候，不要随意移动身体

b. 伤口出血用指压或用布条绑扎止血

c. 骨折的时候，用布条先绑紧固定

19. 在运动时不慎扭伤，下列做法不正确的是：

a. 立即停止运动

b. 马上揉搓患处，缓解疼痛

c. 可以用冷敷或用冷水浸泡

20. 在许多人一起下楼梯时，以下哪种做法不安全？

a. 和要好的同学并排着边走边聊天

b. 下楼时走靠右手的位置

c. 发现鞋带松开，先不管它，等走到楼梯拐角处时，蹲下来系鞋带

点评：

以上测试题的答案分别是：

1～5：abaac

6～10：acbac

11～15：bcaab

16～20：acaba

计分说明：答对一题得 1 分，及格分为 12 分，满分为 20 分。

如果你获得了满分 20 分，那么意味着所有的问题你都答对了，这是一件非常了不起的事，可以让爸爸妈妈给你一个大大的奖励。

如果你获得的分数在 12～20 分之间，这个成绩也很不错，但是仍然有一些安全知识没有掌握，需要再接再厉，不妨让爸爸妈妈再给你讲解一遍。

如果你的得分在 12 分以下，那就要努力了，因为在本章的学习中，你有将近一半甚至是超过一半的安全知识没有掌握。

第五章

遇到坏人我不怕

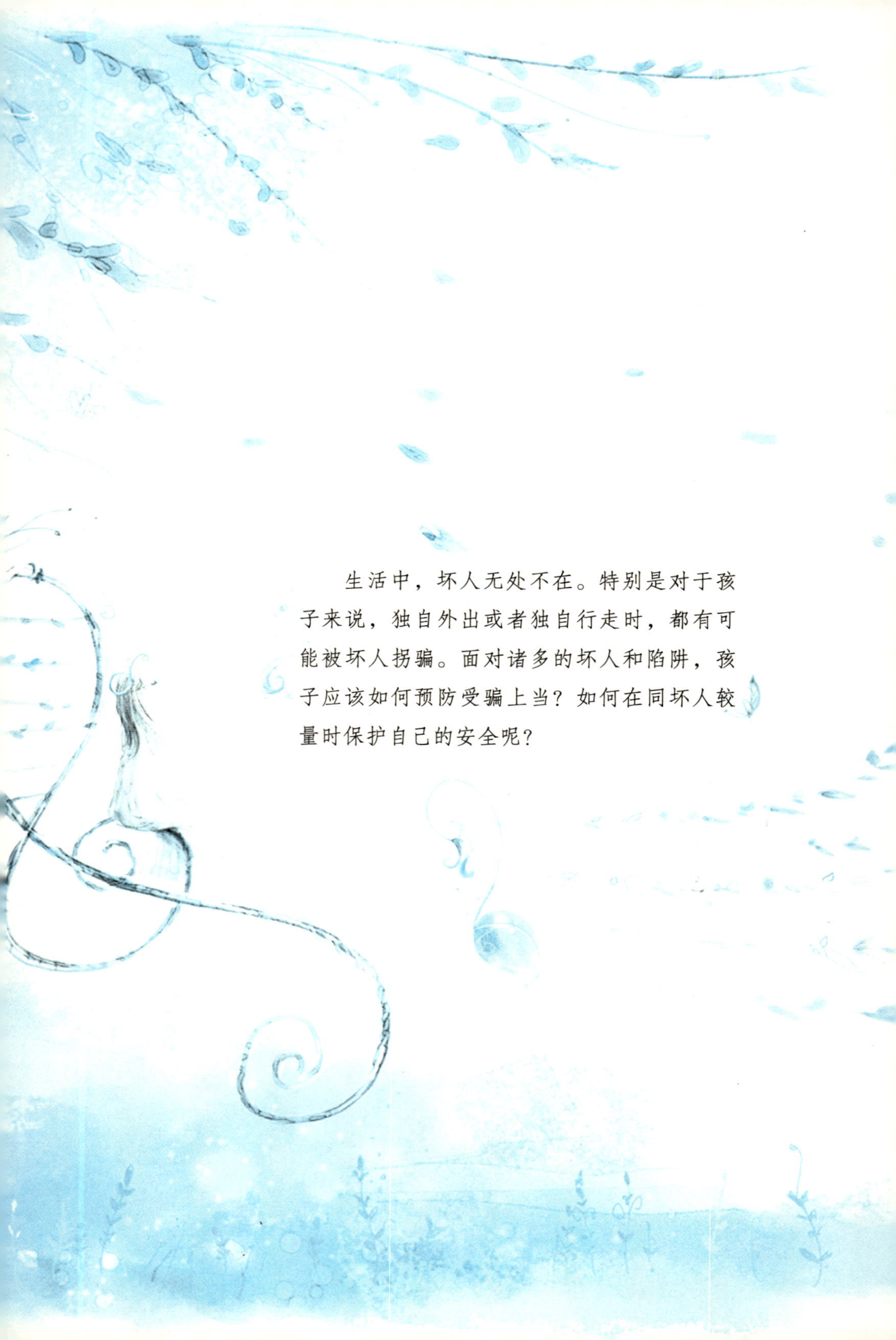

生活中，坏人无处不在。特别是对于孩子来说，独自外出或者独自行走时，都有可能被坏人拐骗。面对诸多的坏人和陷阱，孩子应该如何预防受骗上当？如何在同坏人较量时保护自己的安全呢？

“灰太狼”来敲门

八岁的小小一个人在家做作业，突然，家里的门铃响了，她赶紧跑了过去。

“谁呀？”小小学着爸爸妈妈开门时的样子，先站在门后面问了一句。

“我是水电工，来收水电费的。”门外传来的是一名男性的声音，小小听了更不敢轻易开门。

“电表在一楼，麻烦你自己下去看吧。”小小把里面的木门打开了一条缝，警惕地看着“水电工”，但无论如何不肯开防盗门。

“我看了你们家的电表有问题，需要到家里检查检查！”

“我不认识你，你要是坏人怎么办？我不能给你开门！”小小说完就准备把木门关上。

“等等！我认识你爸妈呢，怎么会是坏人呢？开门吧！”为了让小小相信自己的话，“水电工”还说出了她爸爸妈妈的名字来。

“这个人知道爸爸妈妈的名字，应该不是坏人吧，我要不要放他进来呢？”小小的手都已经放到门锁上了，她犹豫着，又上上下下打量了一番“水电工”。“你等一下，我先给我爸爸妈妈打个电话！”小小随后就给爸爸打去电话。

三分钟后，小小从门缝里探出头来，“我给爸爸打过电话了，他说不认识你，你走吧。”“每次都是你妈妈交的电费，你爸爸当然不会认识我。小

朋友，你再不开门我就把你家的电断了，让你看不成电视。”“水电工”可能是担心时间拖长了对自己不利，面露凶相地威胁小小。小小才不怕他威胁呢，不客气地说：“你再不走我可报警了！”“水电工”一听，吓得脸色大变，赶紧说：“不要报警，我走，我走。”边说边跑下楼去。

一些心怀不轨的陌生人会趁小朋友独自在家时前去敲门，并谎称自己是他们父母的朋友，或者是小区里的物业人员。很多小朋友听对方这么说，就爽快地开了门，结果后悔莫及。因为他很快会发现自己把一只“灰太狼”放进了家门，这只“灰太狼”会拿走家里的钱和一些值钱的东西，并把放他进家门的小朋友捆起来。所以，小朋友独自在家时，千万不要轻易给陌生人开门。

可是，有时候确实是爸爸妈妈的朋友找他们有事，或者是快递员、物业人员有事前来。这时候，到底要不要给他们开门呢？如果不开门，又应该怎么做呢？

1. 当你独自在家时，听到敲门声后，不要急着开门。先从猫眼里看看对方是不是认识的人，如果个子太小，够不着猫眼，那也不要急着开门，你可以隔着门问清楚敲门人的身份。如果是陌生人，一定不要开门。

2. 有些敲门人会告诉你，自己是快递员、修理工等，这时候也不要开门。你可以告诉他，等爸爸妈妈回家后再来；如果敲门人说自己是你爸爸妈妈的同事、朋友或远方亲戚，有些还说出了爸爸妈妈的名字。遇到这种情况，也不要开门。你可以告诉他们，等爸爸妈妈回家后再来。

3. 有的陌生人会赖在你家门口，甚至提出威胁：不开门就不走，不开门就把你家的电和水都关了等。遇到这种情况就更应该提高警惕，不仅不要开门，还要义正词严地告诉他：“你再不走我就打电话报警！”如果坏人硬是要往家里闯，要毫不迟疑地给父母、邻居、居委会打电话。如果手边没有电话，也可以去阳台、窗口等地方高声呼喊，向邻居、行人求援。

4. 我们一定要牢牢记住这几步，不要让“灰太狼”进入家中，如果对方已经进到屋子里了，当你发现情况不对时，应该赶紧想办法把他赶出去或者骗出去，如冲着卧室方向大喊“爸爸，有客人来找你”，把坏人吓跑。

课堂要点：当陌生人前来敲门时，要牢牢记住三“不”：不轻易开门，不接受推销物品，不害怕对方威胁。

有个阿姨接我回家

十岁的姐姐红红和九岁的弟弟文文在同一所小学读书，由于父母平时上班忙，不能像其他父母一样接他们放学，平时姐弟俩都是自己结伴走回家。

这天，红红和文文又一起往家里走，走到路边停的一辆白色汽车旁时，车里下来了一位阿姨。这位阿姨手里拿着两个玩具对讲机在那里玩，红红和文文被对讲机吸引住了，就停下来看阿姨玩对讲机。

这个阿姨笑着对红红和文文说：“你们想玩吗？”姐弟俩点点头，从她手中接过玩具。随后，这位阿姨又从车上拿了一个玩具滑板送给文文。

见阿姨人这么好，红红和文文对她的问题有问必答，很快，这位阿姨就知道了他们正走在放学回家的路上。“小朋友，今天我送你们回家吧，快到车上来。”红红和文文看了看手里的玩具，相信了她的话。

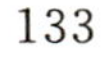

性急的文文一只脚已经踏上了车，红红跟在后面正准备上车时，却看到车里还有两名男子，其中一人的身后还放着一捆绳子。红红感觉不对劲，连忙把弟弟拉下车，喊了句："快跑！"只听见后面的阿姨还在喊："小朋友，等一下！"姐弟俩头也不回地往附近小区跑去。

红红和文文跑到附近小区藏了起来，半个多小时后，他们才从小区出来，朝家里走去。

安全知识小课堂

很多家长为了防止孩子遭受意外伤害，或者被人贩子拐骗等，每天都会接送孩子上学。尽管如此，还是会经常出现孩子被拐骗的案例。父母稍不留神，孩子就被人骗走了，难道是人贩子的骗术太高明吗？未必如此，有时候只是因为孩子太草率，轻易相信了人贩子的谎言。不过，在生活中，父母有时候也可能会因为工作太忙或者不方便而委托他人帮自己接孩子。如何辨别真正的委托人和人贩子呢？我们需要掌握一些基本的知识。

1. 当发现是陌生人来接自己时，应该问清他的来历，和对方交谈时，可以问这样一些问题："我应该怎么称呼你"、"你和我爸爸/妈妈是一个单位的吗"、"是我爸爸/让你来的吗"，以弄清楚对方的具体身份。

2. 如果身上带有手机，应该马上给父母或者其他长辈打个电话，问一下"这位叔叔/阿姨是代替你们来接我的吗"。如果没带手机，要先跟老师打声招呼，让老师帮自己向父母或者其他长辈确认一下。

3. 如果陌生人带来父母或者其他长辈写的便条，要先请老师过目，确认可靠后才可以跟着他走。

4. 如果实在半路上遇到可疑的陌生人，不要接近，更不要接受对方给自己的任何礼物或者食品。

5. 如果遇到对方纠缠不休，可以向民警求助，或者拨打110。

课堂要点： 不管是在学校门口接自己的陌生人，还是在路上遇到的陌生人，都不要轻易跟着对方走，最好能先和父母老师确认一下。

上街遇到有人行凶怎么办

星期天，晨晨和小乐去同学家玩了一上午，直到晨晨妈妈打电话去催，他们才恋恋不舍地离开了同学家。

两人正在路上走着，突然，他们看到马路上有个女的在拼命跑，在她后面十多米处有个男的正在追她。看到这个情景，晨晨和小乐赶紧停下了脚步，看着他们俩。突然，女的跌倒了，男的扑上去就打她。

“老师经常告诉我们要见义勇为，我们上去帮那个女的吧。”小乐说着就要往前去，却被晨晨一把拖住，“等等，我们两个人都过去也打不过那个男的，还是先报警吧！”说着就掏出随身带着的手机拨打了110。

打完电话后，晨晨和小乐向那对男女跑去。那个女的一见有人来了，连声喊着“救命”。

“别打了！我们刚打了报警电话，警察一会儿就到！”

“不关你们的事，你们俩给我滚开！我今天非打死她不可！”男人凶狠地对他们说道。

“叔叔，别打了，有什么事警察叔叔会帮你解决的。”见那个男的又举起了拳头，晨晨再一次搬出警察叔叔来帮忙。

“你们再不滚，我可要连你们一起打……”正说着，男子突然起身就跑，原来他看到了不远处的警察。

“警察叔叔，快点，打人的人要跑了!”晨晨大声喊道。一位警察叔叔听见喊声，马上大步跑了过去。很快，那名男子就被警察抓住了。

晨晨和小乐随着警察叔叔一起来到公安局，这才得知那个男的是人贩子，那个女的是被他拐骗来的，逃跑的时候不小心被发现，所以才有了晨晨他们看到的那一幕。

犯罪分子落网了，晨晨和小乐功不可没，受到了警察叔叔的表扬。

安全知识小课堂

在大街上，什么事情都有可能发生，那么，当我们在大街上遇到有人行凶时，应该怎么办呢?

孩子的力量比较弱，无法跟行凶者对抗，这时候，他们应该怎么办呢?

1. 最好是避开行凶者行凶的地方，不要让他们误伤到自己。

2. 如果随身带有手机，应该马上拨打 110，把地点、时间、现场情况等说清楚，让警察来制止行凶者的行为。

课堂要点： 当发现大街上有人行凶时，不要贸然上前制止，否则不仅帮不了忙，还有可能让自己受到连累。

不好，有坏人在抢劫

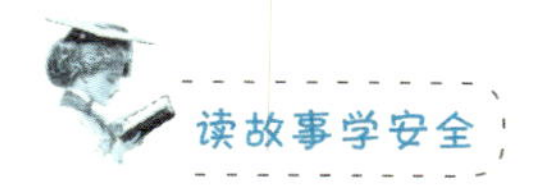

读故事学安全

下晚自习后，小兰独自一人回家。冬天天黑较早，再加上天气寒冷，

这时候的路上几乎看不见人影。小兰心里有点害怕，于是加快了步伐。

不过，最让小兰感到担心的还是回家必经的那条小巷子，巷子里没什么人家，平时上晚自习回来后，爸爸都会站在巷口接她，可是最近爸爸出差了，妈妈下班又晚，所以她只有自己硬着头皮走。

拐进巷子后，由于没有路灯，小兰的眼前顿时暗了下来，她恨不得马上就能回到家里，于是在巷子里快速地跑了起来。

“站住！”一个穿黑衣服戴黑帽子的“黑影”跳到了小兰的面前，吓得她大叫一声。“别叫！你还想不想活了？”小兰努力让自己镇定下来。

“快点，把你身上的钱都给我交出来！”小兰犹豫了一下，她口袋里的钱是当天用剩下的零用钱，原本准备回家后放进储蓄罐里的，她想攒钱给自己买一套漂亮的玩具娃娃。

“快点！你是不是不想活了？”见小兰还愣在那里不动，黑衣人有点不耐烦了。

“我根本就打不过他，也没有人能够帮我，好汉不吃眼前亏，我还是把钱给他吧。”想到这里，小兰把口袋里的十几元钱都拿出来，交给了黑衣人。

“就这些吗？还有手机什么的都给我拿出来！”这时候，黑衣人已经很不耐烦了，一把夺过了小兰的书包，在里面摸了摸，摸出了手机，然后把包扔在地上就跑了。

犯罪分子常常喜欢抢劫未成年人，因为他们缺少反抗能力。因此，我们最好不要独自去偏僻的地方，如果有事需要晚归，最好让父母陪着自己或接自己。如果不小心遇到犯罪分子抢劫，则应该采取以下措施自救：

1. 被劫匪截住时，要保持镇定。

2. 想办法巧妙麻痹犯罪分子。和体型高大的犯罪分子相比，我们实在显得太过渺小，如果硬碰硬，最后吃亏的很有可能是我们。所以，面对犯罪分子时，最好能机智应对，按他们的要求交出一部分财物，然后看准时机逃脱。

3. 在和犯罪分子相持的过程中，要注意观察犯罪分子的体貌特征，如身高、胖瘦、面部特征、发型、衣着、口音、习惯性动作等。在事后，这些将会对警察有所帮助。

4. 仔细观察周围的形势，趁犯罪分子没有防备时，向有人、有灯光的地方奔跑。

5. 如果东西被抢，且犯罪分子拿东西逃走，最好不要独自追赶，特别是发现犯罪分子朝偏僻的地方跑去时。应该马上报警，向有关部门求助。

课堂要点： 被拦劫时，如果没有机会呼救，最好不要和劫匪硬碰硬，按照他说的去做，千万不要激怒劫匪。

小心，地下通道里有个人

小飞的家就在马路边上，下了公交车后，再过条马路就是他们家所在的小区，不过，小飞过马路只能从地下通道走，马路的中间拦有路障，他无法从马路上直穿过去。由于交通方便，而且回家的路段都是比较安全的，自从小飞上五年级后，父母就再也不像以前那样接他放学了。

这天是小飞做值日，从学校出来就比平常晚，等公交车也比平时多花了一点时间。下车后，天已经黑了，路上也没有什么人。

小飞像往常一样，下车后径直走进地下通道。刚进入通道，他就发现在另一端有一个黑影在那儿蹲着一动不动，好像在等着什么。小飞听爸爸给自己讲，这条地下通道里以前曾发生过抢劫事件。

“虽然我身上没有什么贵重财物，可是像我这种小孩子应该会更容易成为劫匪的打劫对象。”这样想着，小飞不敢继续向前走了，急忙顺台阶回到马路边上。

小飞想给爸爸打个电话让他过马路来接自己，可是他看了看周围，根本就没有公用电话厅。怎么办呢？天很冷，教室和公交车上都有暖气，所以小飞穿的不是很多，在马路边上站了一会儿，他就冻得直打哆嗦，眼看家在眼前却不能回，小飞心里说不出的讨厌地下通道里蹲着的那个人。

“这么冷的天，劫匪肯定也不会出门，那人说不定是在等人呢。”小飞又迈步朝地下通道走去。刚下到通道里，小飞抬眼一看，那个人竟然还在那里，小飞真想壮着胆跑过去，不过他还是忍住了，再次返回到马路上。

小飞顺着马路向前走了十多分钟后，那里有一个十字路口，小飞从路口过了马路，绕回了家中。

第二天放学回家，小飞发现爸爸已经在车站等着他了，原来，就在前一天晚上，过街通道里又发生了一起抢劫事件。爸爸听说后，不放心让小飞独自走地下通道，估计他快到家了，就站在那儿等他。

在城市里，有两个地方很容易发生抢劫，一个是昏暗、偏僻的地下通道，另外一个就是少有人走的过街天桥。在这两个地方，劫匪的抢劫对象又常常是单身的行人。所以，在晚上人少的时候，尽量不要让你的孩子独自从这两个地方经过，否则，就需要注意以下事项：

1. 晚上人少时，最好不要单独通过地下通道或者过街天桥，如果是必须经过，可以在入口处等待其他路人一起通过。

2. 独自一人通过地下通道时，最好不要打手机或者看报纸杂志，因为说不定正当你打着电话或者沉浸在某篇报道中时，猛一抬头发现劫匪已经走到了你面前。

3. 在独自通过地下通道和过街天桥时，要做到“眼观六路，耳听八方”，注意观察是否有劫匪从你身后或是旁边的阴暗处突然跳出来。当发现身后有人跟随时，要加快速度，与跟随的人拉远距离。

4. 如果实在无法避开劫匪，在自己根本无法与之抗争的时候，可以将身上的财物给他们，记住，好汉不吃眼前亏，千万不要因为舍不得财物而让自己受到更大的伤害。事后再迅速拨打“110”报案。

课堂要点： 在偏僻或者人少的时候过天桥和地下通道时，要提高警惕，尽量避免不必要的麻烦出现。

甩不掉的“尾巴”

不知不觉，安安在同学家玩到了快十一点，直到妈妈打电话过来催她，她才想起回家。同学家到安安家不是很远，穿过几条巷道就可以了，所以她拒绝了同学送自己回家的建议，独自往家里走。

安安在巷道里走着，突然，她看到身后有条黑影。安安的第一反应是这人是跟踪自己的，准备撒腿就跑，可是她转念一想：那个人可能刚好有事经过这里吧。安安决定留心观察一下那个人是不是跟踪自己。她加快步伐，又拐了好几个弯，那个黑影还是一直跟在她后面，安安确定自己是被人跟踪了。

怎么办呢？离家还有好几个巷道要走，可是那个黑影已经离她越来越近了。安安想掏出手机给爸爸打个电话，让爸爸来接她回家。可是已经没有时间了，黑影正在快速地向她靠近。安安朝四周看了看，发现三米之外就有一家平房，房子的窗户向外透着灯光，她赶紧快步朝那家的门口走去，边敲门边说："我回来了。"

黑影见安安停下来，没敢再继续靠近。

平房门打开了，安安低声对房主说："叔叔，有人跟踪我。"房主叔叔看了看那个黑影，就把她让进了屋里。

在好心的叔叔家，安安赶紧给爸爸打了电话，然后在他们家一直等到爸爸过来，她才和爸爸一起回了家。

孩子在夜间独自行走时，更容易被人盯住和跟踪。当孩子被人跟踪时，应该如何采取措施让自己摆脱跟在后面的"尾巴"呢？父母不妨教给他们以下应急逃生方法：

1. 如果独自在偏僻的地方行走，听到身后有脚步声，或者看到跟踪者的影子一直跟着自己，这时候应该加快脚步，争取早点回到家中。如果跟踪者的脚步也快了起来，就要赶快跑起来。尽快跑到有人或者有灯光的地方去，在有住户的地方，要边跑边大声喊"救命"，从声势上吓退跟踪者，也可以引起其他人的注意。

2. 发现被人跟踪后，不要往小巷子或者死胡同里走，假如发现自己进入了死胡同，要大声呼救或者按别人家的门铃。如果经常要独自回家，可以随身携带一个哨子，遇到有人跟踪时，就用力地吹几下，以引起他人注意，吓退跟踪者。

3. 如果是在偏僻的地方发现自己被跟踪，周围不可能有人帮到自己，

那就要看看全身上下有哪些东西可以作为武器。

其实，随身携带的东西里有很多是可以作为武器的，如雨伞的尖头，用这个来猛刺对方的要害部位。如果没有雨伞或者其他利器，在关键时刻一把梳子也可以充当武器，如用梳子带齿的一边横切对方的鼻子底下，或者其他会让对方感到疼痛难忍的地方。另外，指甲刀、圆珠笔、安全别针、钥匙串甚至是发卡都可以临时充当武器。特别是钥匙圈，平时看起来不起眼，关键时刻的“杀伤力”还是很大的。发现有人跟踪自己后，可以将钥匙圈捏在手中，将每把钥匙的尖端从指缝间露出来。

4. 如果跟踪者从后面抱住你。他们往往会采取两种动作，一种是用胳膊扼住你的喉咙。如果对方采用的是这种方式，那么他的右脚可能是向前的，这时候你可以用脚跟狠劲踩他的脚背。如果他用的是另外一种方式——用手掐住了你的脖子，你也可以抓住他的任何一根手指，使劲向后掰，然后让头偏向一边，挣脱对方的束缚。

课堂要点： 平时不要将钥匙挂在脖子上，因为这样更容易被坏人跟踪，有时候还会被跟踪入室。独自回家时，进家门前应该先向四周看看，看是否有人尾随自己。

注意！有色狼出没

读故事学安全

十二岁女孩蒙蒙放学后独自走在一条偏僻的小路上，此时正是中午时分，在田地里劳动的人们基本上都回家休息了。

蒙蒙正走着，突然从后面过来一名二十多岁的男子，不由分说地将她往麦地里拉。蒙蒙边向后挣扎边说：“大哥哥，我没有钱。”“我不要钱!”男子说着就用手去拉蒙蒙的裤子，蒙蒙吓得赶紧用手抓住了裤子，一下子蹲在地上，大喊：“救命呀!”

男子用手捂住蒙蒙的嘴，威胁她：“再喊我就弄死你。”蒙蒙不再吭声，男子将她抱起来。蒙蒙挣扎了一下说：“大哥哥，你别抱我，我家就在附近，说不定等会儿就有人过来，咱们走远一点吧!”男子听了觉得有道理，就放下了蒙蒙，“老老实实跟在我后面走，别想耍花样!”男子威胁完蒙蒙后，就朝她指的方向走去，蒙蒙在后面跟着。

蒙蒙正在想怎样才能摆脱这名男子时，突然发现不远处有人在地里打井。她故意放慢了步伐，慢腾腾地跟在后面。蒙蒙和男子之间的距离越来越远，男子察觉到不对劲，转过身来要拉蒙蒙。蒙蒙却指着打井的地方说：“大哥哥，俺爸在哪儿打井呢。”男子听了一愣，蒙蒙趁机朝打井的地方跑去，边跑边喊：“叔叔，救命!”

听到有人呼救，正在打井的几个人赶紧跑了过来，他们擒住了男子，并打电话报了警。

色狼无处不在，无论是在农村还是在城市里，女性被性侵害的事情时有发生。所以，防止性侵害，和色狼斗智斗勇，是很多女孩子都应该学习的一门功课。避免受到色狼的侵害，你应该教会孩子做到以下三点：

（一）防狼——把危险降到最低

色狼并非无处不在，也并非会侵犯每一个碰到的女性。平日里，我们应多注意自己的一些行为，这样也许能将你遭遇色狼的危险降到最低。

1. 不贪图小恩小惠，不接受陌生人的给予。如果是认识的人给你东西，也不要让他们触摸自己的身体。

2. 不要独自去僻静的地方，更不要跟陌生人一起去。

3. 不要把陌生人带进自己的宿舍或家中。如果是不太了解的男性邀请自己，最好不要前往。一定要前往的话，也要约上一位好友同去。

4. 当发现有人行为不轨时，要像大人那样用非常严厉的目光直视对方。有些因一时色迷心窍的人看到你的这种目光后，就会狼狈地逃走。

5. 如果发现有色狼往自己身上蹭时，你要马上采取一些措施保护自己，如用手中的包等物品挡住自己的敏感部位，用手肘抵住对方。这样做，对方就知道你已经发觉了，不敢再进一步骚扰。

6. 如果在你发觉后，对方依旧没有停止性骚扰，在人多的地方可以大声谴责对方。千万不要因为害羞而忍气吞声，这样只会让色狼更加大胆地侵犯你。

7. 随身携带防狼武器。在书包里放上一些防狼武器，如小型喷雾剂、报警器等。这些在平时看上去虽然不起眼，在关键时刻却能起到大作用。

（二）斗狼——与色狼斗智斗勇

当你被色狼劫持时，应该如何进行自卫和反击呢？

1. 大声呼救。对于年少力弱的女孩子来说，当被色狼袭击时，最容易被想到也最容易做到的就是扯着嗓子大叫："抓色狼！救命！"如果此时身边有防狼武器就最好了，可以挥舞着武器阻止色狼的靠近。

不过，在遭遇色狼后，并不是任何时间任何场合都可以叫喊，你需要见机行事。一般来说，在人多的地方，而色狼对你又没有生命威胁时，可以大声叫喊寻求外界帮助。但是，如果是在较偏僻的地方，周围无人或者人较少时，大声叫喊可能会导致色狼激情杀人。这时候可以先假装顺从色狼，然后找准机会逃走。

2. 武力反抗。色狼并不都是高大威猛的，所以，被性侵犯时，要抓住一切机会反抗，甚至不惜进行武力反抗。

（1）借助一切可能的武器进行反抗。如果不幸被色狼抓住，可借助所有现成的“武器”对付色狼，如用戒指用力擦对方手掌；用手表的表盘或者表带攻击色狼的眼睛；用水果刀、小剪刀等来刺色狼的脸部；用鞋跟狠狠踩色狼的脚背。不要对色狼客气，用尽所有你可能用到的武器来反抗，色狼也有可能被你打败。

（2）被色狼抓住手腕时如何反抗。为了防止你反抗，色狼有可能会抓住你的手腕，这时候不要害怕。如果你的手腕是从前面被抓住，就将手腕使劲向后拉，边拉边摇动；如果手腕从后面被抓住，就将手腕使劲向前挣脱。在摆脱色狼的手腕后，如果他还用手来抓你，你可将他的手腕牢牢地捏住，先用力向下压，再向上拉起。不要小看了这一招，对方可能因此而肘关节脱臼，这样你就能逃脱了。

（3）被色狼从后面抱住如何反抗。有时候色狼会从后面袭击你，并用双手牢牢抱住你的腰部。即使你的两手都被牢牢环住，也不要放弃反抗，要用力舞动手脚，这样可能会让你的双手得到解放。双手被解放出来后，你可以做的事就更多了，如用肘关节击打对方的下体或脸部，然后乘机逃走。

（4）被色狼压住时如何反抗。当你被色狼压住时，只要有机会，就要用双手紧紧掐住他的颈部，让色狼不得不对你放手。

（5）被色狼勒住颈部时如何反抗。被色狼勒住颈部后，为了防止被其勒晕，第一要诀就是缩紧下颌，然后使劲向后扳对方的小指。小指最容易被扳开，接着再扳其他指头。

3. 智力反抗。如果色狼真的比较高大威猛，你根本就不是他的对手，也绝不能听之任之，可采用智斗的方式。

（三）“杀”狼——及时报警绝不手软

如果实在斗不过色狼，不幸被性侵。在与色狼接触的过程中，要暗暗记住对方的外形、衣着特点和长相，以备报警时用。

被色狼侵犯后，不要试图和他拼个鱼死网破，因为你多半会打不过他的。最好的办法是借机逃脱，及时报警。

在报警之前，可以先联系家人，情况严重的可以让家人带着自己去找医生，但是不要急着洗澡，因为你的身上保留了对方侵害你的证据，要等警方取证后才可洗去。

课堂要点：在日常生活中，作为父母，应该多给自己的女儿上一上性教育课，给孩子讲解什么是“性侵”，并告诉她们保护自己的方式。

走开，不要碰我！

放学后，彬彬和同学陶陶一起去找表姐小岚，然后三个人一起来到学校附近的公园里。

她们三个人在公园里玩得很开心，先去走了小迷宫，然后又去坐跷跷板、玩滑滑梯……

天色渐渐暗下来，公园里的人也越来越少了。

“好了，我们今天得回家了，等以后再来玩吧！”小岚对彬彬和陶陶说。

陶陶从秋千上跳下来，三个人正准备往回走，突然，彬彬用手捂住了肚子。

“表姐，我肚子疼，我要上厕所。”

“陶陶，你在这里等着我们，等会儿我们一起回去。”

陶陶又坐回到秋千上去。突然，一个陌生男子朝她走了过来，对着陶陶笑了笑，陶陶也礼貌地给他一个笑。

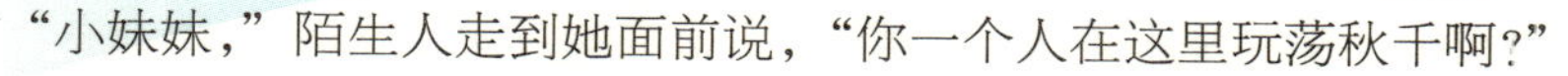

“小妹妹，”陌生人走到她面前说，“你一个人在这里玩荡秋千啊？”

“嗯。”陶陶点点头。

“你还不回家，爸爸妈妈不着急吗？”

“爸爸妈妈都还在上班，没有回去呢！”陶陶老老实实地说。

陌生人又向四周看了看，然后从口袋里掏出一个万花筒，对陶陶说：“小妹妹，从这个筒里可以看到各种漂亮的颜色，你要不要看看呀？”

陶陶接过万花筒，把眼睛凑上去，她果然看到里面有各种各样的颜色。就在陶陶准备再向前凑一下时，陌生人把一只手搭在了她肩膀上。陶陶没有在意，继续盯着万花筒看，突然，陌生人一下子搂住了她。陶陶吓得大叫一声，连忙试图挣脱，可是那个陌生人把她抱得太紧了，她根本就挣不开。

“快放开我，我还有两个伙伴在这里，她们一会儿就会回来的。”陶陶边说边使劲掰陌生人的手指。

“小妹妹，跟我到那边去吧，我还有很多好玩的拿给你看。”陌生人边说边拖着陶陶要离开。

“不行，我朋友让我在这儿等着，她们一会儿就回来了。救命啊！”陶陶边使劲挣扎，边用双手紧紧抓住秋千的绳子。

“陶陶！我们来了！”小岚和彬彬突然听到陶陶喊救命，急忙跑了过去，才发现一个陌生人正要把陶陶拖走。她们冲上去对陌生人又扯又踢，彬彬还在陌生人的大腿上使劲地掐了一下。

“啊！你们这两个小鬼别惹我，不然我连你们一起抓走。”陌生人一手把彬彬推开，又开始使劲拖陶陶，眼看陶陶就要被拖走了，小岚连忙大声喊道：“救命！救命啊！”彬彬也跟着喊了起来。这时候公园里还有一些人，陌生人担心被人发现，连忙放下陶陶，逃走了。

孩子的身体是不能随便让他人触碰的，特别是女孩。所以，在日常生活中，父母一定要告诉孩子：不要让陌生人随便触碰自己的身体，如果是熟人抱孩子，孩子的某些隐私部位也是不能触碰的。另外，告诉孩子，有陌生人骚扰时，应该采用以下措施保护自己：

1. 告诉孩子，当有人触碰他的身体时，要大声拒绝，例如大声地说："我不喜欢你这样碰我，我要喊爸爸（妈妈）了！"

2. 告诉孩子，认识的人也不能触碰他的身体。不管是学校里的老师、同学，还是认识的邻居，都不可以随便碰触他的身体，遇到对方强行触碰时，应该及时躲避或者拒绝。

3. 告诉孩子，如果有人触碰他的身体，要及时给爸爸妈妈讲。

课堂要点： 不管是熟人还是陌生人，都不要轻易让他们触碰身体。如果对方一定要碰，就要大声制止或者大声呼救。

被人绑架怎么办

这天，安琪独自去上学，她走到一个小巷子里的时候，一个中年男人突然从后面捂住了她的嘴，把她抱进了一辆车里。

"别叫！"中年男人用刀指着她威胁道。

安琪不敢出声，那个男人用早已准备好的绳子把她的手脚绑了起来，然后又用黑布把她的眼睛蒙住，并把一块毛巾塞进了安琪的嘴里，又用布条紧紧勒住。

“冷静！一定要冷静！”安琪暗暗地对自己说，虽然她心里很害怕，但还是强迫自己冷静下来。

也不知道过了多久，车子停了下来，安琪被绑匪带到一个屋子里。

“好了，你现在可以睁开眼睛了。”绑匪把绑在安琪眼睛上的黑布拿开，又把她嘴里的毛巾拿了出来，又把绑着她的绳子给解开了。

“把你家里的电话告诉我，我有点事要找你爸妈。”绑匪不客气地说。

安琪知道自己不是绑匪的对手，于是老老实实地回答绑匪的每个问题。

“态度不错，等你爸爸妈妈把钱给我打过来，我就放你回家。”绑匪说完，又从屋子找来一些旧丝袜，要绑小美的手和脚。

“哥哥，不要把我的手绑在后面好吗？那样很难受。”

“哪来那么多话！”绑匪边训斥安琪，边从后面绑住她的手，然后又拿起毛巾来堵她的嘴。

“等一下，我不能说话，那要上厕所怎么办呢？”安琪装出一副可怜巴巴的样子看着绑匪，绑匪想了想对小美说：“那你就‘呜呜’地叫几声。”说完把毛巾塞进安琪的嘴巴里，又用布条绑牢。做完这些后，绑匪又把小美绑在床上。

第二天，绑匪把安琪绑在了椅子上，然后出门去取钱。

绑匪离开后，安琪使劲摇了摇头，把蒙在眼睛上的黑布摇了下来，原来，那黑布早就已经松了。她又用手指甲把绑住她和椅子的丝袜一点点弄断，这样才算和那把沉重的椅子分开了。可是，此时她的手和脚还被绑着，只能一跳一跳地跳着离开。房子四周空荡荡的，安琪跳了好一会儿，也没有碰到一个人。这时候，绑匪回来了。

“你居然敢背着我逃跑？你不想活了吗？”绑匪边拖安琪进车里边说。

“哥哥，我以后再也不跑了，请你原谅我吧。”安琪可怜巴巴地说。

绑匪见安琪的态度诚恳，就没有再为难她。不过，为了防止安琪再次逃跑，绑匪找来了尼龙绳，把她五花大绑起来。

之后的四五天，安琪不吵不闹，也没有要逃跑的迹象。一个星期后，绑匪逐渐放松了警惕，只绑着她的手腕，安琪可以在屋子里自由活动。

安琪虽然获得了自由，但是一直没有找到合适的逃跑机会，绑匪见安琪很老实，就连手腕也给她松开了。一天晚上，安琪成功跑了出去，她跑到附近的一个村子里，让那里的村民帮自己报了警。

很快，警察赶到村子里，按照安琪提供的线索，把绑匪抓了起来。在警察的帮助下，安琪也安全地回到了家中。

绑架常常会出现在未成年人的身上，所以，父母非常有必要向他们传授一些这方面的逃生知识。那么，一旦被绑匪绑架，孩子应该如何保护自己的安全呢？

1. 一旦发现有人要绑架自己，在人多的地方要大声喊“救命”，奋力挣脱绑匪，向热闹的地方跑过去，并向周围的人求救。

2. 如果不小心被抓上车，不要害怕，一定要保持镇静，不要吵闹，否则有可能激怒绑匪，反而让自己受到伤害。

3. 努力记住绑匪的相貌、穿着、车牌号码，在眼睛没有被蒙住的情况下，记住车子经过的道路和沿路的一些有特点的建筑物，但是不要告诉绑匪你记住了这些。

4. 如果绑匪问你家里的电话和父母的姓名，不妨老实告诉他们，尽量不要与绑匪起争执。

5. 寻找适当的时机向周围的人求救，例如，绑匪停车时，向车外的人

求助，或者干脆打开车门朝车外跑去。如果找不到合适的机会逃走，就尽量不要挣扎，保持体力，耐心等待更合适的机会逃走。

6. 尽量争取到与家里人通话的机会，在通话的过程中，可以采用一些隐蔽的方式将自己被囚的地点、绑匪的人数透露给亲人。在通话过程中尽量拖延时间，以使破案人员获得更多的信息。

课堂要点：被绑架后，一定要记住：保命第一。尽量不要和绑匪发生争执，遇到合适的机会马上想办法逃跑。

安全小测试

这一章的学习结束了，你学到了多少安全知识呢？我们可以通过下面的自我测试来检测一下。

1. 当有陌生人敲门时，你会怎么办吗？

   a. 问也不问，就开门让陌生人进来

   b. 先问清楚对方的身份，如果是爸爸妈妈的朋友或亲戚就让进

   c. 先问清楚对方的身份，问清楚他是来干什么的，然后让他等父母回家后再来，但不会给他开门

2. 当陌生人问：“就你一个人在家吗？”你会怎样回答？

   a. 老老实实地回答他，家里只有自己一人

   b. 告诉陌生人“爸爸在睡觉”或者“妈妈在上厕所”

   c. 不理会

3. 当陌生人说：“这是你爸爸让我带给你的饼干，你快开门，我把饼干给

你”时，你会开门吗？

a. 先打个电话给爸爸，问清楚对方的姓名，以及和爸爸的关系。挂上电话后，让陌生人报出自己的姓名，以及和爸爸的关系。如果他和爸爸说的一样，就给他开门

b. 先打个电话给爸爸，问他是否叫人给自己带饼干，如果爸爸说有，就给他开门

c. 会开门，因为开门后才能吃到饼干

4. 独自外出时，如果有人请你喝可乐，你应该：

a. 向他表示感谢，但不接受他的可乐

b. 接过可乐，并说声“谢谢”

c. 不吭声、保持沉默

5. 放学回家的路上，看到陌生人手里拿有自己喜欢的玩具，应该：

a. 继续往前走，不作停留

b. 走过去，向陌生人要来玩

c. 停下来，站着看陌生人手里的玩具

6. 放学后，有个陌生人说要接你回家，你会：

a. 问也不问就跟对方走

b. 先问问看认不认识爸爸妈妈，如果认识，就跟陌生人走

c. 给爸爸妈妈打个电话，或者是先跟老师说一声，再决定要不要跟陌生人走

7. 你认为下面哪种携带钥匙的方式更容易引起坏人注意？

a. 把钥匙放在随身包里

b. 把钥匙挂在脖子上

c. 把钥匙放在衣服口袋里

8. 经过某些偏僻的地方时，如果发现可疑人物，你应该：

a. 避开这条路，找人多的地方走

b. 就当没看到，照样向前走

c. 马上拨打 110

9. 独自晚归时，如果发现身后有人，你应该：

a. 大声呼救

b. 撒腿就跑

c. 观察一会儿，看对方是不是在跟踪自己，如果是的，就马上呼救或者想办法把对方甩掉

10. 当发现有人跟踪自己时，应该：

a. 往死胡同里走

b. 快速往人多的地方走

c. 停下来，和对方打一架

11. 关于性侵害，下面哪项说法是错误的？

a. 性侵害只会来源于异性

b. 只有女生才会遭受性侵害

c. 性侵害只会来自陌生人

12. 在人多的场合被色狼侵犯时，下列哪种做法不正确？

a. 大声制止对方的行为

b. 向人多的地方转移，甩掉色狼

c. 什么都不敢说、不敢做

13. 不幸被色狼性侵后，应该：

a. 和色狼拼个鱼死网破

b. 记住色狼的长相特征，然后报警

c. 让事情悄悄地过去，不告诉任何人

14. 身体的哪些部位不能让陌生人触碰？

a. 隐私部位

b. 哪儿都不能随便触碰

c. 脸不能随便触碰

15. 即使是认识的人，身体哪些部位也不能让人触摸?

a. 隐私部位

b. 哪儿都不能触摸

c. 脸不能触摸

点评：

以上测试题的答案分别是：

1～5：cbaaa

6～10：cbacb

11～15：ccbba

计分说明：答对一题得 1 分，及格分为 9 分，满分为 15 分。

如果你的得分为 15 分，那么意味着这一章你学得非常不错，继续再接再厉，进入下一章的学习吧。或者也可以让爸爸妈妈出些题目来考考你，看看是否还有没弄懂的地方。

如果你的得分在 9～15 分之间，那说明你对某些知识点还没有完全掌握，在对付坏人方面，还存在着一些疏漏和不足。所以，不妨多向父母请教一下这方面的知识，因为在生活中，这些知识是随处都可以用到的。

如果你的得分在 9 分以下，那么，你可真的要提高警惕了，这说明你还不是很擅长去应付各种坏人，容易被坏人骗。所以，和父母一起努力，再好好学一学这一章的知识吧。

第六章

应对户外突发状况

带孩子去户外时，最担心的是他们的安全问题。因为孩子缺少应对突发状况的经验和能力。作为父母，如何做才能让孩子在户外生活得更安全呢？俗话说，授人以鱼不如授人以渔，与其处处保护孩子，为他们遮风挡雨，不如教给孩子自救的方法。

野外遇险怎样向外界求救

星期六的一大早，小虎、小林、小杰和小依就凑到了一起，由于他们的父母不是工作太忙，就是根本就不在他们身边，四个孩子经常在假期结伴游玩。

一行四人乘车来到郊区，那里有一座大山，他们想要爬上这座山上去看看。

一下车，他们四个人高兴得又叫又跳，因为他们还从来没见到过那么多的山，于是争先恐后地朝山上走去。

这里的山可不像一些景区的山那样，根本就没有现成的阶梯可以走。在山脚下，他们发现了一条还算平整的土路，起点处比较宽，能容下他们两人并排着走。往上爬了一会儿，他们发现路越变越窄。走到最后，荆棘挡住了他们的去路。虽然他们已经走到了路的尽头，可是离山顶却还有一大截。

“看来这座山不是经常有人来，我们还是沿原路返回吧！”小依早已累得气喘吁吁，见无路可走，就建议打道回府。

“不行，我还没爬够呢，下去了附近也没什么可玩的！”小虎马上抗议道。

“可是前面已经没有路了，不下山去，难道要一直等在这里吗？”小依喝了一口水，坚持着自己的意见。

大家又向四周看了看，小杰提议道：“不如我们找找还有没有其他的

路，说不定有另外一条路到达山顶。”这条建议马上得到了小虎和小林的赞同，小依只能被迫少数服从多数。

由小虎带头，他们依次钻进了路旁的树木中。山路本来就难走，更何况还不时的有树和灌木挡住去路。他们为了避开灌木丛，就不断地绕来绕去。

到了下午两点多，他们还在山里绕着，既找不到上山的路也找不到下山的路，视线也都被周围的山挡住了。小依早就累得不想走，可是又不得不跟着他们一起找路。他们在山里找啊找，又转了两个小时，路还一条都没有找到。满山都是灌木丛和荆棘，没有路，他们要下山还真不是件容易事。

“怎么办？再找不到路我们就要在这山里过夜了。”小依带着哭腔说，他不能想象在这样的大山里过夜会是什么样子，而且他们也没有带露营的工具呀。

这时候连最大胆的小虎也开始担心了，他故意装出一副天不怕地不怕的样子，“怕什么，我们很快就可以找到路下山了。成功总在失败之后，放心吧，我们很快就能找到路了！”小林和小杰什么都没说，他们也在担心晚上回不了家。

“小虎，你的手机有信号了吗？”

小虎从口袋里掏出手机看了看，摇了摇头。“给我试试！”小依一把夺过手机，这时候手机只剩下一格电。小依拿着手机一次又一次地拨打 110。“别拨了，这里根本没信号，你要是把电都耗完还没法接通，我们可就真完了。”小虎边说边去夺手机，小依拿手机的手让了一下，依然固执地拨那三个数字。

最终，在小依拨了差不多二十次后，电话终于接通了。很快，大量警员聚集到了他们所在的山脚下，并迅速展开搜救。直到凌晨 1 点多，他们才被搜救人员发现。

在野外旅行，如果没有专业人员的带领，再加上自己乱走乱跑，就很容易迷失方向。如果遇上较偏僻的地方，手机信号没有覆盖，还有可能完全与外界失去联系，导致被困在山中。所以，作为未成年人，平时最好不要单独去一些偏僻的山林中探险，即使是与伙伴们结伴探险，也要注意遵守纪律，随时紧跟大部队。

如果不小心被困在了山林中，而且手机又没有信号时，可以采用以下求救方式：

1. 如果随身带有哨子，可以吹响哨子，每间隔 1 分钟吹响一次，向周围发出求救信号。

2. 如果随身带有火柴或者打火机，可以捡来一些干的树叶树枝，再折一些湿的树枝。先将干的点燃，烧旺后再盖上湿树枝，这时候会有浓烟升起。

3. 站在一处高地上，脱下鲜艳的衣服或帽子，用力挥动，以引起他人的注意。

4. 如果已经报警，且有搜救人员前来搜救，可以点上一堆火，使之升起浓烟，这样就能更快更好地被搜救人员发现。

5. 如果发出的求救信号暂时没有得到回应，不要气馁，仔细地分析自己所在的方向方位，有针对性地发出求救信号。

课堂要点： 未成年人最好不要独自去野外，即使是结伴同行，最好也要有大人带领着同行。

被毒蛇咬了一口

暑假里，圆圆随着爸爸妈妈一起去叔叔家的农场度假。农场是叔叔和另外几家人共同承包下来的，他们和叔叔家一样，都住在农场里。

圆圆来到农场以后，很快就喜欢上了这里。因为农场里有吃不完的瓜果，有各种圆圆以前见没有见过的小动物，像小鸡、小猪、小鸭子之类的。最让圆圆高兴的是，农场里还有一帮小朋友陪着她一起玩。每天吃完饭后，圆圆就和小朋友们凑到一起玩耍，农场里的许多地方都留下了他们的足迹。

这天，小伙伴们说要带圆圆去池塘里看荷花。他们来到池塘边上，一个小伙伴首先从池塘边伸手摘了一片荷叶，然后把荷叶倒过来，放在头上顶着，看上去就像一定绿色的大帽子。其他小朋友看到后，也都纷纷效仿，把荷叶摘下来，然后顶在头上。

“圆圆，你想要荷花吗？我去帮你摘。”小伙伴小松自告奋勇地说。

“谢谢你！我要两朵！”圆圆不客气地说。

小松找来一根长棍子，又找来一些藤条，将一小截木棍绑在棍子的一端，做成一个“7”字形的工具。然后，小松将这个工具伸向一朵开得正漂亮的荷花，用力一拉，荷花就被拉到靠近岸边，小松一伸手，就把荷花给摘下来了。

“圆圆，送给你。”小松把荷花递给了圆圆。

其他小朋友看到圆圆拿着荷花，也都纷纷要小松帮自己摘，有的小朋友还跑去跟圆圆抢。

“圆圆，你看那儿！”调皮鬼小聪用手指着圆圆的左边说。圆圆连忙转过头去看，小聪趁机抢了她的荷花。等圆圆明白发生了什么时，小聪正站在十多米外举着荷花朝她做鬼脸呢！

“你把花还给我！”圆圆边说边朝小聪跑了过去，小聪却转身就跑，故意逗着圆圆追自己。两个人你追我赶地跑到了种花生的地边，小聪见无路可逃，一下子跳进了花生地里，圆圆也跟着跳了进去。正追着，突然圆圆大叫一声，然后“哇”的一声哭了出来。

小聪赶紧跑回来，拉着圆圆回到地边。这时候，其他小朋友有跟来的，他们留下两个来陪着圆圆，其他人跑去找大人。

圆圆的叔叔很快就被找来了，他认真地察看圆圆的伤口。

“你这是被毒蛇咬了，要马上去医院。”叔叔表情严肃地说。

叔叔先把圆圆抱回家，在她的伤口周围敷了一些治蛇毒的中草药，然后又马上带着她去了医院。

在医院里，医生给圆圆注射了抗蛇毒血清，又给她服用了抗蛇毒的药物，圆圆这才脱离了危险。

毒蛇伤人的事情，在我们的生活中虽然不多见，但也时有发生。人一旦被毒蛇咬，毒液会迅速随血液循环进入心脏、大脑，导致神经性的中毒症状。在被毒蛇咬伤后，如果处理不及时，就有可能导致死亡。所以，一旦被毒蛇咬伤，需要积极采取自救措施。那么，应该如何采取自救呢？

1. 保持镇定。被蛇咬伤了不要乱蹦乱跳，最好保持镇定。因为激烈的运动会加速血液的循环，毒液会被更快速地带到心脏和神经中枢。

2. 通过伤口判断咬自己的蛇是否有毒。被毒蛇咬伤后，会留下两个大而且深的线形伤口；无毒蛇留下的则是呈“八”字形的牙痕，小而浅。

3. 紧急进行自我救护。如果判断是被毒蛇咬伤，立即把衣服或者裤子撕成长布条，或者解下鞋带，在伤口上方的5～7厘米处（靠近心脏的一端）扎紧。为了防止肌体因长时间捆绑而坏死，应每隔7～12分钟放松2～3分钟。

如果伤口内残留有毒牙，要想办法迅速拔出。在条件允许的情况下，可以用冷开水、清水、井水反复冲洗伤口表面的蛇毒。然后以牙痕为中心，用消过毒的小刀把伤口的皮肤划成十字形，再用两手用力挤压，或者通过拔火罐把伤口里的毒液拔出。在紧急情况下，如果既无口腔黏膜破损，也无龋齿，可直接用嘴吸伤口，边吸边吐，吸完后用清水漱口。

4. 立即服用解蛇毒的药。如果随身携带有解蛇毒的药，要立即服用药片，并将一部分解蛇毒的药弄成粉末，涂抹在伤口的周围。处理完后，再去医院诊治。

5. 使用解蛇毒中药。一些中草药也有解蛇毒的功效，如万年青、蒲公英、鱼腥草、七叶一枝花、半边莲、八角莲、紫花地丁、山海螺、田基黄、苦参等，找到这些植物中的一种后，捣碎取汁，涂抹在伤口上，可以起到一定的疗毒作用。

需要记住的是，即使自己进行了一些简单的处理，也别忘了去医院进行治疗。

课堂要点： 被蛇咬伤后不要害怕，要保持镇定，积极自救。蛇毒并非无药可医，积极想办法自救才能将危险降到最低。

糟了，我迷路了

二十二岁的邦妮突发奇想，想要去丛林茂密的兰卡威岛探险。当她把这个想法告诉弟弟时，两人一拍即合。于是，他们马上联系了出租公司，第二天就租了一辆车，开往兰卡威岛。

抵达岛上后，他们又徒步走进热带雨林中去探险。这些雨林中少有人进入，他们越往里走，路况就越不好，行走也越艰难。三小时后，他们决定返回，但却迷路了，因为他们已经找不到来时的路。这次探险只是一个一时兴起的决定，他们的准备并不充足，既没带食物，也没有带水和任何的救生设备。如果不能及时走出去，又得不到救援的话，那么后果将会很严重。他们又走了三小时，仍然没有找到出路。

夜晚降临，饥饿和寒冷一齐袭来，邦妮和弟弟挤在一起等待着黎明的来临。第二天一早，他们又开始为向哪个方向行走而发愁。弟弟突然想起来，以前在某个报纸上看到一句话，大意时：当你在大丛林中迷路时，顺着溪流向下游走去，在那里将会找到出路。

于是，他们找到一条小溪流，然后沿着溪流一直走。在快要到溪流的尽头时，他们看到了一块开阔地带，并差点以为那就是出路。可是事实并非如此，上天跟他们开了一个大玩笑——溪流的尽头是悬崖。

“我想我们走不出去了，这个鬼地方连只鸟都不肯来！”邦妮含着眼泪的双眼充满了绝望。

“姐姐，不要气馁，我们很快就会找到出路的。”弟弟安慰她道。

他们又来到悬崖上，发现下面竟然是一片沙滩，于是两个人使尽浑身解数爬下了悬崖，来到沙滩上。在海面上遥远的地方，邦妮看到似乎有桅杆在移动，她和弟弟不顾一切地跳进海中，朝着“桅杆”游去。但是，他们在海里游了有四十分钟，船却依旧离他们很远。弟弟体力透支，不得不爬到一块礁石上歇息。邦妮继续向前爬去，夜里，一条渔船将她救了上去，她又带着渔船找到了弟弟。

安全知识小课堂

在野外行走时，迷路是最常见的问题。如果找不到返回的路，在缺衣少食的情况下，长时间被困在某个地方，就可能会有生命危险。所以，在外出探险之前，有必要让孩子学会一些野外迷路时的应对策略。那么，当孩子在野外迷路时，应该如何自救呢?

1. 发现迷路后，不管身在何处，都要想办法回到上山时的那座山上，因为可能只有在那儿才有比较安全的路。一定要尽全力自救，千万不要心存侥幸，等着别人来救自己。

2. 如果没办法找到最初所登的那座山，那么不妨试着找一下是否有溪流。一旦找到溪流，就顺着溪流朝下游走去。一般情况下，溪流的尽头将会有出路。

3. 独自一人时，先登上一处较高的山冈，在视野较好的地方朝四处看看，然后选定一个方位作为下山的目标方位，如有人居住的地方、有大型水库的地方等。为了防止在下山的过程中再次迷路，先为自己选定一个目标山岗，从山顶下到目标山岗后，再选定第二个、第三个，最终也有可能到达所选定的那个方位。

课堂要点： 在野外迷路时，找到出路的方式有许多种，不管周围的环境如何令人绝望，都要积极想办法，而不是坐以待毙。

风筝风筝飞得高

春天来了，爸爸带着圈圈去公园游玩。

公园里的人可真多，他们中有许多都是放风筝的。圈圈看着满天空飞的风筝，羡慕极了。

“爸爸，我也要放风筝。”

“好，我们先去买只风筝吧。”

说着，爸爸带着圈圈来到公园里的小卖部前，那里挂着各种各样的风筝，每个风筝都做成一种动物的形状，有的是龙、有的是凤凰、有的是燕子、有的是老鹰……圈圈指着一只凤凰形状的风筝对爸爸说：“我要这个！”

爸爸付过钱后，拿着风筝和圈圈一起来到公园里的一块空地上，已经有十来个人在那里放风筝了，风筝在天空自在地飘浮着，他们只需要在地上牵着线就行。

“爸爸，我们快把风筝放到天上去吧。”圈圈着急地催爸爸。

“来，你把线圈拿着。”

爸爸把线圈递给圈圈，自己拿着风筝向前小跑几步，圈圈拿着线圈的手不停地转动，放出的线越来越长，爸爸的手一松开，风筝就自己飞到天上去了。

“飞起来咯，爸爸，风筝飞起来咯！”圈圈兴奋地大叫起来，爸爸又跑回来，从圈圈的手里接过线圈，然后向后拉风筝。让圈圈感到不可思议的是，风筝不仅没有被拉下来，还越飞越高，然后像氢气球一样停在高空中。

“给你线，现在你想让风筝去哪儿，就自己拉着去哪儿吧。”

圈圈一听爸爸这么说，马上仰着头拉着风筝小跑了几步，可是天上的风筝好像没有动。

“再跑远一点！”爸爸对着她喊。

圈圈又跑了几步，这时候风筝也向她跑的那个位置移动了一点。圈圈兴奋地跑啊跑，她只顾着看天上的风筝，没想到却一头撞在一位大叔的身上。

“哎哟！”圈圈被撞得后退了好几步，差点跌倒在地上，她抬头一看，发现大叔正对着自己笑呢，圈圈连忙说着对不起跑开了。

圈圈又拉着线朝前面跑过去，她只顾着看风筝，没注意到自己已经跑出了广场，来到了一棵树前，她又向前跑了几步，却发现怎么也跑不动了。再抬头一看，风筝线被树枝给挡住了。

怎么办呢？圈圈使劲拉了拉线，可是那根线一点也不听话，任她怎么拉，都不肯从树枝上下来。圈圈还因为太用力，右手差点被风筝线割得出血。

“呜呜呜……爸爸……”圈圈一下子坐在地上大哭起来。

“圈圈，怎么了？”爸爸大步向她跑过来。

“呜呜呜……”圈圈指指被缠在树枝上的风筝线，又接着哭起来。

爸爸走迈一看，才明白是怎么回事。

“圈圈不哭，爸爸有办法把它弄下来。”说完，爸爸拿起线圈后退了几步，风筝线就自己从树枝上下来了。

“爸爸，你真棒！”圈圈马上破涕为笑，笑着从爸爸的手中抢过了线圈。

安全知识小课堂

每年春天，都会有许多父母带着自己的孩子放风筝，这个时候，除了要充分享受风筝给家人带来的欢乐，也要注意放风筝的过程中可能存在的隐患。

带孩子放风筝时，父母一定要注意以下几项：

1. 放风筝时，应该先选好地址，尽量选择开阔、平坦的地方，避开高大的建筑物、较高的树木和电线杆等，以免风筝线缠绕在上面。

2. 不要在有电线经过的地方放风筝，否则风筝线有可能会缠绕在电线上，引起电线短路甚至是火灾。

3. 不要在马路上或者马路的两边放风筝。

4. 不要在堤坝上、水井旁、河塘边放风筝。放风筝时，不但要注意看天上的风筝，还要看着脚下，谨防摔跤。

5. 放风筝时，不要用手直接拿着线，预防手被线割伤。

课堂要点： 孩子放风筝时，大人尽量在身边看着。一旦发现情况不对时，要尽快到孩子的身边帮他解决。

呜呜，我把妈妈弄丢了

星期天，妈妈换好衣服准备出门，正在客厅做作业的小帆一看到妈妈要出门，马上着急了。

“妈妈，你去哪儿，我也要去。”小帆把笔往桌上一放，就要站起来。

“妈妈去商场买点东西，你在家好好做作业，我给你带你最喜欢吃的猕猴桃回来。”

“不行，我要去商场嘛，这些作业可以等我回来再接着做。”小帆不由分说地跑到妈妈的身边，拉着妈妈的手耍赖。

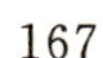

“妈妈，带我去嘛！”

“带你去也可以，记住不许乱跑！”

“嗯，我一定不乱跑！”小帆一本正经地说。

妈妈还是不放心，她撕下一页便签纸，用笔在上面写下家里的电话号码、她自己的手机号、家里的地址，然后把这个纸条放在小帆的上衣口袋里。

“你记住了，如果你找不到我，就拿着这个纸条去找商场的工作人员或者保安，让他们帮助你。”

小帆点点头，妈妈这才带着他出门。

妈妈带着小帆正在商场里逛着，突然，迎面走来了妈妈以前的同事刘阿姨。她们两人一见面就聊了起来。小帆站在妈妈身后等了好一会儿，妈妈和刘阿姨都还没有要结束谈话的意思。

“真无聊，我要自己去玩一会儿。”这样想着，小帆就跑出了商场，站在门口看一些大人带着孩子玩旋转木马。小帆也想玩，可是妈妈没有给他零花钱，他只能站在边上看别人玩。小帆看了十多分钟，突然想起妈妈还在商场，又急忙跑回和妈妈分开的地方，可是妈妈和刘阿姨都已经不在那里了。

“哎呀，我把妈妈给弄丢了，呜呜呜……妈妈——”小帆急得哭了出来，他正要跑去找妈妈，突然想起在来商场的路上，妈妈告诉过他要在原地等着。

“我就站在这里等妈妈，她一定会回来找我的！”小帆想。

他等啊等，等了好一会儿也不见妈妈来。这时候，一个陌生人走过来跟小帆说话。

“小朋友，你怎么一个人站在这里，你妈妈呢？”

小帆不理会陌生人，妈妈告诉过他，不要理会陌生人的搭讪。

“走吧，我刚才好像看到你妈妈了，我带你去找她。”陌生人说着就要

拉小帆的右手，小帆赶紧把右手往背后一藏，把脸转向一边。陌生人讨了个没趣，自己走了。

小帆又等了一会儿，见妈妈还是没有来，就走到一个穿着商场制服的工作人员跟前。

“叔叔，我和妈妈走散了，你能帮我找到妈妈吗？”

“小朋友，你叫什么名字？”工作人员亲切地问小帆。

“我叫小帆。”

“那你知道你妈妈的电话号码吗？我帮你给妈妈打电话。”

小帆摇摇头，突然，他想起来妈妈给他写的那张纸条。

“叔叔，这上面有我妈妈的电话号码，你帮我给妈妈打个电话吧。”

很快，商场工作人员就拨通了小帆妈妈的手机，并把小帆带到商场里的顾客休息处。在那里，小帆见到了妈妈。

和父母一起去人多的场所，有时候孩子玩着玩着就把父母给忘了，有时候还会不小心把他们给弄丢了。在人多的场所，年龄较小的孩子与父母分开是一件非常危险的事，因为他们可能会被一些“怪叔叔”或者“怪阿姨”给盯上，他们利用孩子急于见到父母的心理，告诉孩子“我带你去找妈妈”，就能轻而易举地把孩子拐跑。所以，在人多的场合，父母一定要尽量照看好孩子，不要让他跑丢了。不过，有些孩子天性好动，难免会因为乱跑乱钻而走出了父母的视线，这时候，他们应该怎么办呢？

1. 父母在带孩子出门之前，最好能准备一张小纸条放在孩子的衣服口袋里，这张小纸条上面写着孩子的姓名、家里的住址和电话。万一父母和孩子分开，孩子还可以拿着纸条请人帮自己给家里打电话或者把自己送回家。

2. 外出之前，给孩子一些零钱，一旦孩子和父母分开，他还可以去街边的小店给家里打电话，或者打 110 寻求帮助。

3. 如果身上既没有零花钱，也不记得家里的住址、电话，走丢以后，最好是能站在原地等待，等着爸爸妈妈回去找。

4. 可以就近寻求警察或保安的帮助，告诉他们自己家的大概位置，并说清楚爸爸妈妈的名字。如果是在商场里购物时走散的，还可以寻求穿制服的商场工作人员的帮忙，他们会通过广播帮你寻找爸爸妈妈。

5. 最好不要答理主动上前搭话的陌生人，也不要随便告诉他们自己迷路了，更不要跟着陌生人到人少的地方或他家里去。

课堂要点： 平时要多向爸爸妈妈询问自己家的住址、电话，并尽量记住。熟记经过自己家附近的公交线路和公交站名，这些在关键时刻都能用得上。

游泳时腿抽筋了

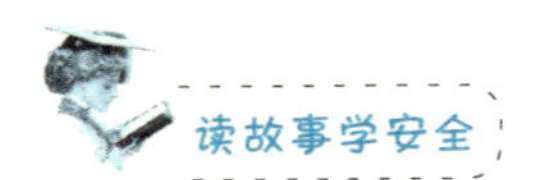

吃过午饭后，小然和可乐又到食堂里的小卖部买了两瓶饮料，他们拿着饮料在校园里走着。

走了一会儿，小然觉得挺没意思的。

“真是无聊，学校里什么好玩儿的都没有。”

“不如我们去学校外面玩吧！”可乐马上出主意说，上课之外的时间，他也不愿意在学校待着。

“可是有门卫守着大门呢，他不会让我们出去的。”小然一想到那个门

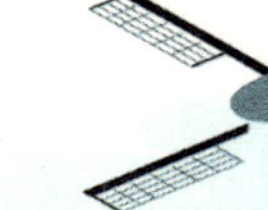

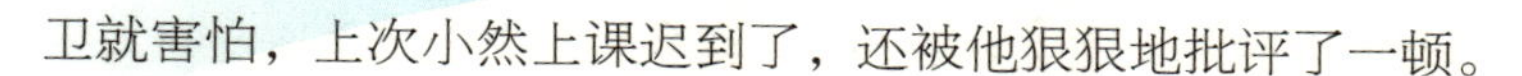

卫就害怕，上次小然上课迟到了，还被他狠狠地批评了一顿。

“没事，我们不从校门出去就是了，我还有其他办法。”可乐拉着小然来到学校的食堂，他们在那里找到了一根绳子。拿着这根绳子，他们又来到学校的院墙边。可乐先爬上一棵比较靠近围墙的树，将绳子的一端系在一根比较结实的树枝上，再把绳子的另外一端扔到围墙外。就这样，他和小然顺着绳子滑到了围墙外。

两个人在学校外面逛了逛，看到了一条水流清澈的小河。此时正是烈日当头，小然和可乐早已是满头满身的汗。

“离上课还有半小时呢，我们下去洗个澡吧。”可乐说着就开始脱上衣。

“扑通”一声，可乐跳了下去，又“扑通”一声，小然也跟着跳了下去。

小河的两边都是郁郁葱葱的柳树，虽然烈日当头，河水却依然清凉，在河水里游泳，小然和可乐感到说不出的惬意。

“怎么样？我就说还是学校外面好玩，老是待在学校里有什么好……”可乐开心地在河水里游了几下。

“可乐！我要上岸去！”小然突然急切地说。可乐连忙转头去看他，发现小然一脸痛苦的表情。

“我的腿抽筋……”

可乐连忙游了过去，拉着小然就往岸边游。坐在河岸上休息了好一会儿，小然的腿才恢复了正常。

游泳是很多人都喜欢的一种运动方式，特别是在炎炎夏日里。不过，游泳同样也是一种很危险的运动，俗话说“淹死的都是会游泳的”，如果在游泳时出现一些意外，如腿脚突然抽筋、腿被水草缠住等，就可能危及生

命。所以，即使你很会游泳，在游泳之前，也要做好相关的准备工作，以保证自己的安全。

游泳之前的准备工作包括以下几个方面：

1. 选择好游泳场所。独自一人游泳时，最好不要去不熟悉水情的地方和比较危险的地方游泳，也不要独自在偏僻的地方游泳。给自己选择一个比较安全的游泳场所，如果去游泳池游泳，也要选择卫生条件较好的泳池。

2. 了解自己的身体状况。有些人四肢容易抽筋，如果你也是这样的，那么即使再喜欢游泳，也最好选择不游或者少游。如果实在想游泳，那就在浅水区活动活动手脚，切记远离深水区。如果是在炎热的天气里游泳，下水之前要先活动活动身体，如果水温和自己的体温相差较大，要先在浅水区用水浇湿身体，等到身体适应水温后再下水游泳。

如果戴有假牙，下水之前应先将假牙取下，因为在呛水的时候，假牙可能会进入你的食管或气管。

3. 不要为了引人注意而去跳水或潜泳，游泳时如果感到身体不舒服，出现眩晕、恶心、心慌、气短等症状时，不要恋战，马上回到岸上休息。如果自己无法游上岸，要及时呼救。

如果由于准备不充分或者其他原因导致意外发生，你也不要坐以待毙，应该积极想办法采取自救。

1. 游泳时，如果感到腿脚抽筋，或者双腿被水草缠住，应及时呼救，让他人帮自己摆脱困境。

2. 游泳时，如果出现意外溺水，且附近无人救助时，就要根据意外产生的原因采取自救措施。

手脚抽筋时的自救措施：游泳时，最常出现的是小腿肚子抽筋，如果是这种情况，先吸上一口气，让自己仰面浮在水面上。如果是左脚抽筋，就用右手握住左脚的脚趾（反之亦然），用力向后拉动。左手也不要闲着，用力压在左腿膝盖上，帮助膝关节伸直。如果试了一次不成功，可再试几次。

如果是大腿抽筋，先吸上一口气，然后仰面浮在水面上，用力弯曲大腿膝关节，再用两手抱住小腿，使劲抖动几下，然后再用力向前伸直。

如果是手臂抽筋，就紧握抽筋的那只手，用力屈肘，伸直，反复做几次。

如果是手指抽筋，可握紧拳头，再用力张开，反复做几次，直到解除抽筋。

水草缠住腿脚时的自救措施：如果不幸被水草缠住，不要惊惶失措，乱扭乱动。否则水草可能会越缠越紧，带来更为可怕的后果。一般来说，被水草缠绕也并非无计可施。

被水草缠住后，先要稳定情绪，然后平卧在水面上，试着慢慢解开水草。不要手忙脚乱，也不要直立起来，这样只会被越缠越紧。

如果实在解不开水草，而当时戴着眼镜，或者能够找到锋利的石头，也可以借助这些将水草割断。如果看到附近有人，要大声呼救，请求他人的支援。

遇到漩涡时的自救措施：如果在游泳时不小心被卷入漩涡中，不要惊慌，应立即调整呼吸，让身体平卧在水面，然后采用蛙泳姿势快速冲出漩涡。

掉入漩涡时，千万要注意，在漩涡中不要直立踩水或潜入水中。因为漩涡的中心吸引力大，直立和潜水会更容易被卷入水底。

课堂要点：游泳时，最好选择在游泳池，不要独自去不熟悉的水域游泳。一旦发现腿脚抽筋，要马上大声呼救。

掉进冰窟窿里，好冷

俗话说：三九四九冰上走，孩子们最喜欢在冰上玩耍。进入三九后，天气一天比一天冷，再加上下了一场大雪，公园里的湖面上结了一层厚厚的冰。

小满和几个小朋友本来在公园里打雪仗，后来，不知道是哪位小朋友发现了结满冰的湖面。

“快看，那儿有人在上面走，我们也去吧。”

几个正在打雪仗的孩子马上停了下来，纷纷朝湖面看过去。只见湖上的冰面上有几个和他们年龄差不多的孩子在那上面行走。孩子们顿时对打雪仗失去了兴趣。

“我们也去吧！”不知道谁又喊了一句。

很快，这个提议就得到了大家的回应。一分钟时间不到，孩子们就已经冲到了湖边，小满第一个踏上了冰面，另外几个小朋友也都小心翼翼地走了上去。

刚开始，他们只敢小心翼翼地挪动步子，挪了几步之后，他们发现就像走在地面上一样，根本就没有大人所说的那么危险，小满又忍不住向靠近湖中心的位置走去。他的朋友们担心掉进水中，不敢跟着他，只在靠近岸边的冰上活动。

突然，小满感觉到脚下的冰响了一声，他停下来看了看脚下，没有发现异常。小满又壮着胆向前走了几步，突然，冰层再次发出“咔嚓”一声响，还没等小满反应过来，他就掉进了冰窟窿里。

“救命！”小满一双手紧紧地抓住冰窟窿的边沿，努力把头伸出了水面。此时，其他小朋友见他掉进了水中，没有一个人敢上去救他，纷纷跑到岸上去了，看着小满不知所措。

“救命！救命啊！”突然的变故让小满完全感觉不到湖水的冰冷，只知道大声地呼救。听到呼救声，在湖的边上玩乐的大人们纷纷聚拢过来，但是没有人敢下到湖里去救小满。

湖水冷得刺骨，时间只是过去了三分钟而已，可是小满却感觉到好像有一年那么长，而救他的人没有出现。突然，他的头脑里闪出一个念头：我要从这里爬出去！

小满双脚踩水，头一下高出水面许多，他又趁机用双手的手掌撑住冰面，深呼吸一口之后，他再次双脚踩水，双臂用力，在水的浮力下，小满的上半身跃出了冰面，他赶紧顺势趴在冰面上，匍匐着朝前爬行，终于把自己救出了冰窟窿。

水上的冰面通常对孩子都有着非常大的诱惑，特别是看到其他人在冰面上行走时，孩子们往往会忍不住要上去走一走，而一旦掉进冰窟窿里，又是非常危险的。所以，在平时，父母应该多告诫孩子，不要在冰面上玩耍。如果一旦掉进冰窟窿中，则要采取以下方式自救：

1. 一旦掉进冰窟窿中，不要乱打乱扑，因为这样可能会使冰窟窿的面积增大。

2. 如果周围有人，要大声呼救，在救援人员还没有到来之前，最好能双手抓住冰面，让上半身浮出水面。

3. 如果周围没有人，或者围观者中没有人敢出手相救，则应该积极采取自救。争取在衣服还没有被水浸透之前让自己浮出水面。冬季的衣服干燥肥厚，里面有大量空气，刚掉入冰水中时，浮力较大，这时候要积极展开自救。

4. 双手抓住较厚的冰沿，利用水对身体的浮力，使上半身浮出冰面。注意用力不要过大，否则有可能使冰块破裂的面积更大。

5. 用手掌撑住冰面，双脚踩水，使身体尽量上浮，然后将一条腿抬上冰面，再慢慢爬行或滚动到安全的地方，千万不要立即站立。

课堂要点： 掉进冰窟窿后，不要惊慌，尽量把头露出水面。周围有人就大声呼救，没人的时候要积极采取自救措施。

怎样徒步过河

整个暑假，虎子都要在乡下和爷爷奶奶一起过。不过，爷爷奶奶也有自己的事情要忙，所以虎子大多数时候都是和村子里的小朋友们在一起玩。

流火七月，到处都热得像火烧一样，即使这样，虎子也不愿意在家里待着。要知道，即使是这个时候，乡下也有很多好玩的事，其中一样就是去河滩上玩。

这天，爷爷奶奶又在忙，虎子吃过午饭就去找隔壁的小泥鳅。

“泥鳅，我们去河边玩吧。”

“好，等我吃完我们就去。”小泥鳅说完，又使劲地往嘴巴里扒了几口饭。

等泥鳅吃完饭后，他们就朝河边走去，路上遇到另外几个小伙伴，听说要去河边，纷纷加入到他们的队伍中。

从他们所在村子到河边，大概只有十多分钟的路程，他们很快就来到了河滩上。虎子第一个朝河边的浅水区冲去，其他小朋友也都跟着他冲进了河水中。不知道谁的动作太大，溅了泥鳅一身的水，泥鳅马上毫不客气地捧起一捧水浇在芸丫头的身上，一场水仗就这样打起来了。

玩够闹够之后，他们每个人身上的衣服都湿透了，连虎子这个“客人”也不例外。

“反正衣服都湿了，要不我们过到河那边去看看吧。”

小伙伴们对看得见却过不去的河对岸充满了好奇，因为河上没有桥，大人们要过河时，都是从河水比较浅的地方走过去，可是几乎没有孩子去过那边。

“好啊，我们赶快过去，再早点回来。”泥鳅也早就想过去看看。

在清澈见底的河水中，小伙伴们手拉着手向对岸走去，他们专门拣看起来水浅的地方走。河水并不深，最多也只到他们的腰部。很快，他们就走到了河对岸。

“原来这里跟我们那边都一样，没什么好玩的，我们回去吧。”一位伙伴扫兴地说。

于是，小伙伴们又站成一排，手拉着手往河对面走。因为刚才过河时很容易，这让他们在回去的时候放松了警惕。

“啊！”走在最右端的虎子突然发出一声尖叫，紧接着他整个人朝右边倒去。泥鳅连忙一把拉紧了他。

“我的脚掉到沙里去了！”虎子一脸的惊恐，身体还在向右边倒。大家一起用力，终于把虎子陷进沙里的脚拉了出来。

“那里的沙是向下滑的，差点把我滑进去了。”刚刚脱身的虎子急忙朝泥鳅他们靠近过去。

宝贝，和妈妈约定
不让自己受伤害

突然的状况把小伙伴们都吓住了，他们站在河水的中央，既不敢前进，也不敢后退。看到大家的样子，泥鳅着急了。

“大家下脚之前，先试探一下下面是不是结实，然后再向前走。走！我们赶紧回去，等下让大人看到又要挨骂了。”

泥鳅的最后一句话起了作用，小伙伴们小心翼翼地在河水中走着，虽然很费劲，但还是回到了岸上。

安全知识小课堂

身在城市中，无论孩子还是大人几乎都很难有徒步过河的经历，不过，去偏僻的山区或者丘陵地带，就有可能需要徒步过河。遇到这种情况，怎样做才是最安全的呢？

1. 尽量不要徒步过河，如果只能从河水中走过去，则应选择水流平缓、河面较宽的地方走，这样的地方水流较缓慢，水位较浅，相对安全。而河面较窄处，看似从那里过河比较容易，但水流可能比较急，容易把人冲倒。

2. 独自过河或者同他人一起过河时，拿一根长竿在手中。长竿既可以用来当拐杖，也可以用来探查水的深浅。

3. 不知河水的深浅时，要慢慢用脚试探着过河，遇到水不停流动或者水较深的地方，最好绕行，以免发生危险。

课堂要点： 不到万不得已不要涉水过河，如果一定要从河水中走过，则应该选择尽量安全的河段，手里拿一根长竿作为探路棍，慢慢地过河。

被蝎子蜇伤怎么办

亨亨听妈妈说，他们家楼上的邻居是养蝎子的。亨亨长到十岁还没见过活蝎子呢，就吵着要妈妈带自己去看。妈妈拒绝了他的要求，并告诉亨亨：蝎子都有剧毒，最好不要去看。

亨亨没看成蝎子，心里有点不高兴，不过，让他想不到的是，晚上睡觉的时候，蝎子竟然主动来找他了。

这天晚上，亨亨早早地就睡下了，并很快就进入了梦想。正睡得香甜，突然，他感觉到自己的腮帮子一阵刺疼，就醒了过来。

“妈妈妈妈……”亨亨带着哭腔连声喊道，妈妈从睡梦中醒过来，连忙走进亨亨的房间。

“亨亨，怎么了？”妈妈边开灯边问。

“呜呜呜……妈妈，有东西咬我的脸。”亨亨从床上坐了起来，妈妈走到床前，看到地上居然是一只蝎子，她急忙用脚把蝎子踩死了。

“快起来，你被蝎子蛰了，我们带你去医院。”妈妈帮亨亨穿好衣服，爸爸也闻声而来。

“你去弄一点肥皂水来，我先给亨亨做个简单的处理，再送他去医院。”妈妈边吩咐爸爸，边把亨亨弄到客厅里的沙发上。

妈妈用两个指头用力地挤亨亨的伤口，从里面挤出了一些毒液和一根毒刺。然后，她又用消过毒的棉签蘸上肥皂水，在亨亨的脸上擦了擦。此时，亨亨的腮帮子已经肿得老高，爸爸不得不马上开车送他去医院。

在医院里，值班医生将硫黄末点燃后熏亨亨的伤口处，给他止痛。然后给亨亨的伤口周围敷上南通蛇药，并给他开了一些治疗蝎毒的药。

被蝎子蜇伤后，要及时采取一些自救措施，以免毒素随着血液循环进入心脏。那么，当我们被蝎子蜇伤后，应该如何进行自救呢?

1. 立即用带子扎紧伤口上靠近心脏的一端（如手指被蜇伤时，捆扎手腕处），防止蝎毒随着血液的流动进入心脏。然后拔出伤口中的毒刺，挤出毒液。

2. 蝎毒为酸性，可用肥皂水、3%的氨水或者5%的苏打水清洗并冷敷伤口。

3. 取少许硫黄末，用纸卷成烟卷，点燃后熏伤口处，可以止痛。

4. 在伤口周围涂抹南通蛇药，注意不要涂在伤口上，以免阻碍排毒。

5. 中毒比较严重时，除了按照上述方法处理，还需要马上送往周边医院。

课堂要点： 被蝎子咬伤后，要马上将毒刺挤出，并尽可能地挤出毒液，然后涂上蛇药，但一定不要涂碘酒等刺激性药物。

呜呜！蜈蚣咬人真疼

暑假里，妈妈的单位组织去青岛旅行，刚好毛毛在家没事干，就跟着妈妈一起去了。

毛毛在那里玩得很开心，离开青岛前的晚上，妈妈和她的同事们一起坐在海滩上欣赏海上夜色。毛毛和几个小朋友在沙滩上相互追逐着。玩到高兴处，毛毛还把鞋子脱了下来。

“哎哟！”毛毛正跑着，突然大叫一声。

小朋友们听到他的喊声，纷纷围了上来。

“毛毛，怎么了？”

“呜呜呜……我被虫子咬了，一条长虫子。”

“什么虫子？”“虫子在哪儿？”……小朋友们七嘴八舌地问了起来，都忘了帮毛毛找大人。

“呜呜呜……我也不认识，好像是蜈蚣……呜呜呜……我的脚现在好疼……”

“毛毛，我帮你去找你妈妈来。”

妈妈很快赶了过来，毛毛一见到妈妈，什么也不说，马上就大哭起来。

“呜呜呜……”

妈妈抱起毛毛，通过问他的伙伴们，才知道发生了什么。她又帮毛毛查看了一下伤口。

“毛毛不哭，妈妈这就带你去医院。”

很快，妈妈找来出租车司机，带着毛毛去了最近的医院。

然而，那一家医院没有有治疗蜈蚣咬伤的抗毒血清，在医护人员的建议下，妈妈又带着毛毛转到另一家医院。在这家医院里，医护人员立即为其清理了伤口，并注射了抗毒血清和破伤风针。又经过一番紧急处理后，毛毛体内的毒液已经被控制，但是被咬伤的腿依然有剧烈的疼痛感，一直到天亮时才感觉好了点。

城市里的孩子被蜈蚣咬到的机会较少，不过，蜈蚣是一种毒性较大的

动物，一旦被咬伤，就会疼痛难忍，甚至导致死亡。所以，关于这方面的安全知识，父母要未雨绸缪，提前讲给孩子听。

那么，假如被蜈蚣咬伤，要如何进行自我护理呢？

1. 用5％～10％小苏打水或肥皂水、石灰水冲洗被咬处，然后用吸奶器吸出伤口处的毒血，或者用拔火罐的方式拔出毒血。

2. 也可以选用下列方法：

(1) 南通蛇药适量，加少许水调成糊状，涂在伤口周围。

(2) 公鸡鸡冠血涂抹伤口。

(3) 公鸡唾液涂擦伤口。

(4) 用牙齿将鸡冠花叶嚼烂，敷在伤口上。

(5) 用牙齿将苦瓜叶嚼烂，敷在伤口上。

(6) 用牙齿将马齿苋嚼烂，敷在伤口上。

课堂要点：被蜈蚣咬伤后，先用苏打水或者肥皂水进行消毒处理，然后再挤出或者用器具拔出伤口里的毒血。

被毛毛虫蛰伤怎么办

阿星最害怕毛毛虫，在他去学校的路边上，长有几棵椿树。每年的开春后，树上都会长出许许多多的毛毛虫。所以，每到这个时节，他都宁愿选择绕远一点，也不愿意从树下经过。

这一天，阿星又走在放学回家的路上，他边走边用MP4看着电影，不

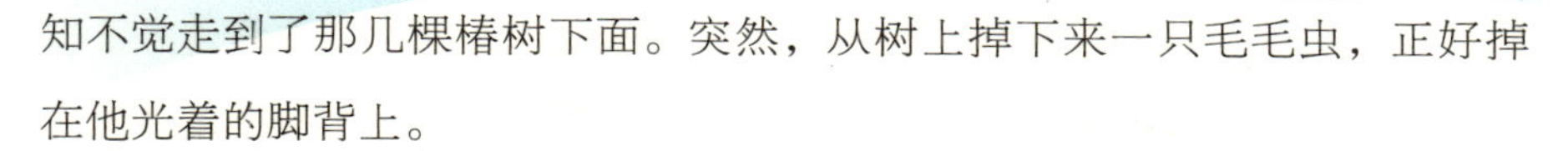

知不觉走到了那几棵椿树下面。突然，从树上掉下来一只毛毛虫，正好掉在他光着的脚背上。

阿星感觉到脚背有点异样，连忙低头一看，发现一只毛毛虫正在他的脚背上蠕动。他大叫一声，慌乱中抬脚一踢，将毛毛虫甩出老远，然后他又赶紧向前跑了几步，唯恐树上再往下掉毛毛虫。

跑出那几棵椿树的遮盖范围，阿星这才松了一口气，不过，他很快发现自己的脚背上有点异样，刚才毛毛虫降落的地方红了一大块，还火辣辣的疼。

“糟了，肯定是被毛毛虫咬的。”阿星只知道毛毛虫的样子可怕，没想到居然还有毒，他赶紧快步向家里跑去。

“妈妈，我被毛毛虫咬了。”阿星发现妈妈在家，鞋还没来得及换就给她讲了自己被咬的事。妈妈赶紧走过来看了看他的脚。

“这不是被毛毛虫咬的，是被毛毛虫的毒毛蜇伤的。”

“可是我感觉就是毛毛虫咬了我一口呢，太疼了，妈妈你看，都红了。”阿星抬起脚背来让妈妈看。

“傻孩子，毛毛虫不会咬人，但是它们身上的那些毒毛接触你的皮肤后，毒会从毛孔进入你的皮肤里，所以你会感觉到疼。”说完，妈妈就起身去给他拿药。

妈妈拿来的是一团手指头大小面团、酒精和氨水。她先将面团放在阿星被蜇伤的脚背上，来回滚动了几下，将毛毛虫的毒毛从阿星的脚背上拔下来，然后又用酒精帮阿星消毒，最后再给他涂上浓度为1%的氨水。很快，阿星就感到脚背没那么疼了。

毛毛虫是有轻微毒性的昆虫，它们身上的疣状突起的环节上，长有毒毛，会蜇伤人的皮肤。被毛毛虫蜇伤，如果不当回事，就有可能会引起皮

炎。所以，当孩子被毛毛虫蛰伤后，可以进行以下几种方式的护理：

1. 用火柴、蜡烛或酒精灯的火焰烤灼被蛰的部位（小心，不要烤伤皮肤），可以连续烤几次。将毛毛虫的毒毛烧掉，疼痒就可以止住。

2. 取面粉少量，用水和成面团，在被蛰伤的部位来回揉滚，反复多次，直到将毒毛带出来。有橡皮膏药的也可以用橡皮膏药。

3. 用酒精消毒被蛰处，然后涂上浓度1%的氨水，用以中和毒毛的酸性刺激后，痛痒也可以很快消除。

4. 取一些生甘草，嚼烂敷在被蛰处，有止痛效果。

5. 取几瓣生大蒜，捣乱后取汁，涂抹在被蛰处，有止痛效果。

6. 将豆豉和菜油一起捣烂，敷在被蛰处，然后用适量白芷煎汤清洗被蛰处。

课堂要点： 被毛毛虫蛰伤后，不要习惯性地涂抹清凉油或者其他一些消肿止痛药品，因为这些药品的作用是因人而异的，有的人涂抹后有效，而有的人涂抹后则可能加重病情。

耳朵里有虫子怎么办

进入三伏天后，天气一天比一天热起来，晚上睡觉时，虽然吹着小电扇，军军还是经常被热醒。

这天晚上，已经到十点多了，军军还待在家里的大电风扇前不肯去睡觉，妈妈催完他后，自己先去睡了。过了一会儿，爸爸把凉席拿到阳台的

地板上铺好后，又催了一次军军。

“军军，快去睡觉吧，明天还要上学呢。”

“我再扇会儿，床上太热了。”想到最近每天晚上都会被热醒，军军就一点睡意都没有。

“要不你和我一起睡阳台上吧，再把电扇也开着，怎么样？”

军军觉得这个主意真不错，马上跑到爸爸铺好的凉席上，和爸爸一起睡下了。

这一晚，军军睡得很好，没有被热醒。可是，就在军军正睡得香的时候，他突然感到耳朵一阵疼，醒来后感觉到有什么东西正在往自己的耳朵里爬。

“爸爸爸爸……”军军用力摇醒了爸爸。

“我的耳朵里有个虫子。”

睡得迷迷糊糊的爸爸一下子清醒过来，连忙起身打开了客厅里的灯，借着灯光，他看到军军的耳朵里有一只小蟑螂。爸爸将小拇指伸进军军的耳朵里，想要把蟑螂掏出来，但没有成功。蟑螂又往军军的耳朵里面爬了一点，疼得军军差点哭了起来。

“军军，把头歪着，看能不能把蟑螂倒出来。”爸爸边说边用手把军军的头往一边压。可是，他们等了一分多钟也不见蟑螂出来。

怎么办呢？这时候妈妈也闻声起床了，她拿来一点色拉油，往军军进虫的那只耳孔中滴了几滴。过了一会儿，军军就感觉不到虫子动了。

第二天一早，爸爸就带着军军去了医院，医生用镊子帮军军从耳朵中取出了蟑螂的尸体。

一般说来，人耳的外耳壁会分泌出一种有气味的黏性物质，能阻止虫子的爬入。不过，偶尔也会出现虫子爬入或者飞入耳孔的情况，有些小虫

子还会叮咬耳道，引起耳朵疼、耳鸣甚至是耳膜破损。有时候，发现耳朵里有虫子时，乱挖乱掏也有可能导致耳膜损坏。所以，一旦发现虫子入耳，要马上采取正确的措施，那么，应该如何采取措施呢？

当发现虫子入耳时，可以马上采取以下方法：

1. 光诱出法。有些昆虫具有趋光性，如蚊子、小飞蛾等，可以把灯或者手电筒放在耳道口，虫子看到光线后，就会自己出来。

2. 滴油法。将爬进虫子的耳朵朝上，慢慢滴入 4～6 滴食物油。油滴入耳道后，可以粘住虫脚，使其不乱爬，过不了多久虫子就会死掉。然后再去医院让医生帮忙取出虫子。

3. 滴酒法。我国古代医学书中早有“百虫入耳，好酒灌之”的记载。将爬进虫子的耳朵朝上，滴入 3～4 滴白酒或酒精。片刻后，虫子就会被醉死，这时候再将耳朵向下，倒出里面的酒液，并去医院取出虫子。如果耳朵有炎症，就不要采用这种方法。

4. 压耳法。稍大一点的虫子进入耳朵后，用手指死死堵住耳朵眼，阻断空气的进入，虫子感到不舒服，就会往回爬。感觉到虫子爬到耳道口处时，松开手指，虫子就会掉出来。

课堂要点： 虫子爬入耳朵后，不要乱掏乱挖，首先要想办法让虫子出来或者把虫子弄死，实在不行就马上去医院。

安全小测试

这一章的学习结束了，你学到了多少安全知识呢？我们可以通过下面的自我测试来检测一下。

1. 作为未成年人，爬山时，应该选择：

a. 任何一座山，只要能登上去就行

b. 安全措施到位的山，有易于行走的道路或者阶梯

c. 险峻的山，登山的时候会很刺激

2. 被困山中时，应该：

a. 采用各种方式报警，如打电话、燃起火堆、大声呼喊等

b. 自己在山中寻找出路

c. 在山中燃起大火报警

3. 被毒蛇咬伤后，下列哪种做法不正确？

a. 在口腔没有破损的情况下，用嘴巴吸毒液，然后吐在地上

b. 马上撕下衣服绑在被咬伤部位的近心端

c. 吓得乱蹦乱跳

4. 下列哪种药不能治疗蛇毒？

a. 云南蛇药

b. 蛇果

c. 蒲公英

5. 在野外迷路后，下列采取的措施中，哪种不正确？

a. 根据太阳的东升西落来判断方向

b. 登上高山的山顶寻找出路

c. 根据风向判断方向

6. 下面的几个地点中，在哪些地方放风筝比较安全？

a. 开阔的、平坦的地方

b. 高大建筑物附近

c. 电线杆旁

7. 在公共场合和爸爸妈妈走散时，下列哪种做法不正确？

a. 随便找个陌生人问，然后让陌生人带自己去找爸爸妈妈

b. 想办法给爸爸妈妈打个电话，告诉他们自己的具体位置

c. 站在和爸爸妈妈分开的地方等他们来找自己

8. 在大街上和爸爸妈妈走散了，你觉得下面哪种做法可能非常危险？

a. 找马路上的警察叔叔帮忙

b. 在原地等待

c. 跟一个自称认识妈妈的阿姨一起去找父母

9. 当陌生人说带你去找爸爸妈妈时，你应该：

a. 不理会

b. 请求对方给爸爸妈妈打个电话

c. 马上跟着对方走

10. 游泳时，下列哪些因素可能导致危险？

a. 在游泳池里游泳

b. 在冬天游泳

c. 无家长陪同，无安全设施，在水流较急处游泳

11. 在游泳时肌肉抽筋采取自救办法不恰当的是：

a. 头后仰

b. 不使劲挣扎

c. 尽量使口鼻露出水面

12. 如果你不幸溺水，当有人来救你的时候，你应该：

a. 身体放松，让救你的人托住你的腰部

b. 用双手抱住对方的身体

c. 紧紧抓住对方的胳膊或者腿

13. 在冰面上行走或者滑雪时，如果不幸掉进冰窟窿，下列采取的紧急措施中，哪一项不正确？

a. 尽量让身体上浮，保持头部露出水面

b. 乱扑乱打，使劲挣扎着不让自己下沉

c. 双臂向前伸，增加全身与冰面接触的面积，慢慢爬出冰窟窿

14. 涉水过河时，应该选择：

a. 河面较窄，水流湍急的地方过河

b. 随便什么地方都可以过河

c. 河面较宽，水流平缓的地方过河

15. 涉水过河时，下列哪种行为不正确？

a. 边过河边抓鱼

b. 手里拿根竹竿，用来保持身体平衡和试探水位

c. 在河水中行走时，下脚前先试探一下

16. 被蝎子蜇伤后，采取的自救措施中，不正确的是：

a. 拔出毒刺，挤出毒血

b. 涂上碘酒

c. 用肥皂水清洗伤口

17. 被毛毛虫蜇伤后，下列做法中不正确的是：

a. 用面团在被蜇处滚动几下

b. 涂上清凉油或者消炎止痛药品

c. 用酒精擦拭被蜇处，并涂上浓度为1%的氨水

18. 用火柴、蜡烛或酒精灯的火焰烤灼被蜇的部位，是为了：

a. 将留在皮肤里的毒毛烧掉，起到止痒的作用

b. 用火烧的方式是消毒

c. 止痛

19. 蚊子进入耳朵后，下列采取的哪种方式不正确？

a. 什么也不干，等虫子自己出来

b. 把灯或者手电筒放在耳道口，等虫子自己出来

c. 滴几滴食用油在耳朵里，把虫子闷死，然后去医院让医生帮忙取出虫子

20. 有炎症的耳朵进入虫子后，不能采取以下哪种方式？

a. 光诱出法

b. 滴油法

c. 滴酒法

点评：

以上测试题的答案分别是：

1～5：bacbc

6～10：aacac

11～15：babca

16～20：bbaac

计分说明：答对一题得1分，及格分为12分，满分为20分。

如果你的得分为20分，那么恭喜你，你对本章中提到的逃生自救方式已经掌握，可以直接进入下一章的学习。

如果你的得分在12～20分之间，这也是一个值得表扬的成绩，但是还需要再接再厉，没有弄懂的知识点，还可以让爸爸妈妈给你做一个更为详细的讲解。

如果你的得分在12分以下，也就意味着你有近一半甚至是一大半的题目没有做对，不过也不要担心，因为这些知识掌握起来很容易，让爸爸妈妈再讲一遍吧，相信你肯定会大有收获的。

第七章

遭遇自然灾害

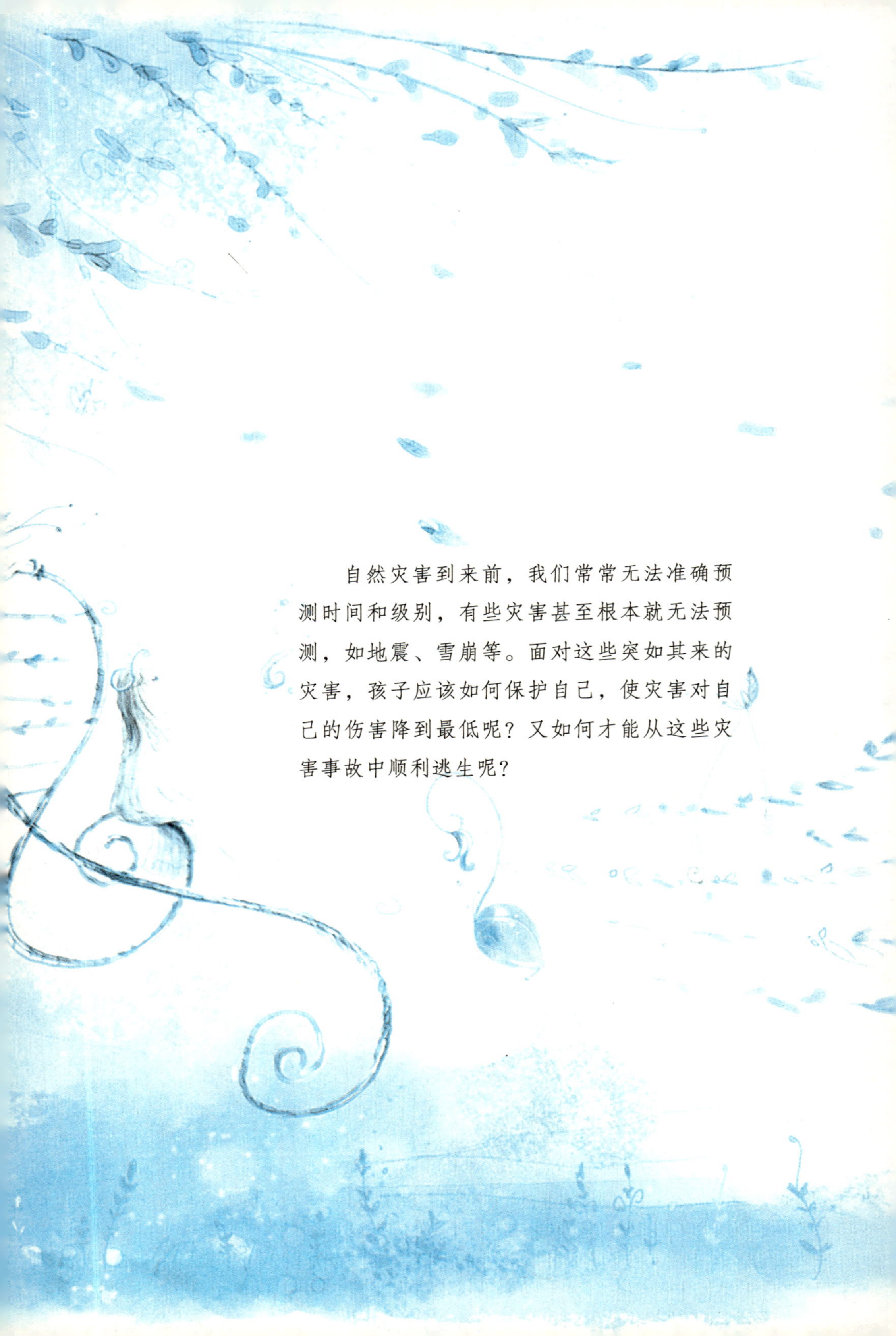

自然灾害到来前，我们常常无法准确预测时间和级别，有些灾害甚至根本就无法预测，如地震、雪崩等。面对这些突如其来的灾害，孩子应该如何保护自己，使灾害对自己的伤害降到最低呢？又如何才能从这些灾害事故中顺利逃生呢？

打雷了，下雨了

眼看上完第三节课就要放学了，小文焦急地看了看窗外，发现天阴沉沉的。

“这天看着像要下雨，真希望能快点放学，这样我就可以赶在雨下来之前回家了。”小文正看着窗外发呆，老师突然点他起来回答问题。

“小文，刚才我讲的什么，你能重新叙述一遍吗？”

小文听到老师叫自己的名字，赶紧站了起来。

“老师刚才讲的是……”小文实在回答不出来，只好站在那里。

“你坐下来吧，上课要看着黑板，认真听讲。”

老师说完又接着讲课，小文也不敢再开小差了，老老实实地听课。

临近下课前十多分钟，天突然黑下来，老师不得不把教室里的灯都打开。很快，小文听到了雨打在玻璃上的声音，他忍不住又看了一下窗户，大颗大颗的雨滴打在玻璃上，发出响亮的声音。

放学铃声一响，小文以最快的速度收拾好书包，然后去找同学小海。不管是不是下雨天，小海的书包里都会放上一把伞，而小文和小海又刚好同路，两个人可以共用一把伞。

小文和小海走在回家的路上，雨还在不停地下着，天空中不时划过一道道闪电。

“小文，今天的雷声可真大，要不我们快点跑吧？”

“不行，不能跑，因为步子跨得太大容易产生跨步电压，会被电到的。”小海不懂什么叫“跨步电压”，不过一听说快跑会被电到，他吓得连忙停了下来。

“看来我今天不能按时回家了，奶奶在家肯定要担心的，我先给她打个电话吧。”小海说着就要掏出手机，一下子被小文制止了。

“老师讲过，雷雨天不能在户外打电话，会引雷上身的。”小文抢过小海的手机，关机后，又给他塞回到了书包里面。

夏天的雨来得快去得也快，两个人走到离小文的家还有两百米远的地方，雷声已经弱了下去，雨也停了。

“小海，我到家了，谢谢你愿意和我共用伞！”

“别客气，其实我才应该谢谢你呢，刚才差点就犯了致命的错误。”说完，小海向小文挥挥手，又接着向前走去。

打雷闪电是夏天比较常见的一种现象，一般情况下，雷电很少会威胁到我们的生命。和其他的自然灾害相比，雷电造成的死亡率也相对较低。但这并不意味着我们应该对雷电掉以轻心，而是要防患于未然。

那么，在雷雨天气里，你的孩子应该如何保护自己呢？

如果是在户外，要做到以下几点：

1. 打雷时，不要停留在高楼平台上。如果是在空旷的野外，不要进入孤立的棚屋、岗亭躲避。

2. 不要躲在大树下避雨，如果一定要在树下避雨，应双脚靠拢蹲在距离树干三米远的地方。

3. 雷电交加时，如果感觉到头、颈、手等部位的皮肤上像有蚂蚁在爬，同时头发竖起，说明可能遭到雷击，要马上趴在地上，并摘掉身上佩戴的

金属饰品，如发卡、项链等。

4. 如果看见闪电后的几秒钟内就听见雷声，说明放电的云就在附近不远处，这时候应该停下来，两脚并拢并下蹲。

5. 最好使用塑料雨具、雨衣等。避雨时，保持下蹲姿势，双手抱膝，胸口紧贴着膝盖，尽量把头部压低。

6. 如果身在旷野中，不宜打伞，也不宜高举羽毛球拍、高尔夫球棍、铁棍等。不要在水面和水边停留。如果路上有水面没过脚背的水坑，应该绕行。

雷雨天气里，如果身处室内，也不能掉以轻心，最好能注意以下几点：

1. 听到打雷时，马上关好门窗，因为雷电有可能会从窗户进入室内。

2. 打雷时，不要使用电视、音响等电器。

3. 打雷时不要接触天线、水管、铁丝网、金属门窗等金属装置。

4. 雷雨天时不要使用电脑，关掉电脑，最好把电脑的电源插座也拔掉。

课堂要点： 雷雨天气里，一定不能打手机、在大树下避雨，不要存在侥幸心理，否则有可能后悔莫及。

快跑！雪山塌啦

大雪整整下了三天三夜，地上和不远处的山坡上堆积了厚厚的一层雪。雪刚停，多多和咪咪就忍不住去那个早就被她们盯上的山坡上玩耍。

两个小姑娘到了山坡上，咪咪第一个向下滑去，多多紧跟着也滑了下去。

“哇——我真开心！”咪咪举起手兴奋地呼喊着。两个异常兴奋的小姑娘从山坡上滑下后，又走上去重新往下滑。一次又一次，也不知道重复了几个回合。就在她们再次走向山坡时，山坡顶部的雪突然垮塌下来，向她们压过去。多多和咪咪被积雪冲到了一起，一眨眼的工夫，她们已经被积雪包围了，连头顶上都是雪。

“呜呜呜……多多，我们现在怎么办？”咪咪紧紧拉住多多的手，声音里满是恐惧。

多多也不知道该怎么办，她竭力让自己冷静下来，用手掌挡住嘴巴前面的雪，然后又大声喊了几下，但是没有人应答。

“多多，我快没办法呼吸了。”

多多也感觉到自己的呼吸有些困难了，以前老师曾讲过，呼吸困难是缺氧的表现。看来在雪中待的时间不能太长，到时候即使没被冻死，也会被闷死。

多多边动手在自己的脸的前面挖了一个大洞，边鼓励咪咪也这么做。当脸不再紧紧贴着雪时，多多感觉到呼吸好像变容易了一些。歇息片刻之后，她又开始动手在自己的头顶上挖起来。

“咪咪，我们试着挖一下上面的雪吧，说不定能出去。”

雪是刚刚崩塌下来的，还很松软，两个小姑娘挖起来并不费劲。她们不停地挖呀挖，两个小时之后，她们终于看到上面有光线传来。就在她们准备一鼓作气地挖出一条出路时，突然，地面上传来有人踩雪的声音。

“多多，你快听，外面好像有人。”咪咪的声音里透着激动和兴奋。

多多连忙静下心来仔细听，也听见了同样的脚步声。

“救命——”多多和咪咪一起大声喊了起来。她们的声音引起了过路人——与她们同村的一位伯伯的注意。顺着声音传来的方向，这位伯伯来到了她们头顶上方的位置，并帮她们将积雪一点点地挖开。

当她们从积雪中走出来时，由于长时间缺氧，多多和咪咪的脸都成了紫红色。后来，经过及时送医院抢救，她们最终脱离了危险。

与其他的自然灾害相比，雪崩属于难得一见的，但这并不代表永远都不会遇到。雪崩逃生包括两方面：预防和逃生。

预防雪崩，主要从以下几个方面做起：

1. 在山坡上有较厚的积雪时，不要去山上玩耍。

2. 在降雪发生后的两天内，都是极易发生雪崩的危险期，不要去雪崩危险区域内玩耍。

3. 在积雪较厚的山坡上行走时，一定要小心慢走，不要在附近大声喊叫或者剧烈运动，否则有可能引发雪崩。

4. 学会观察雪崩的先兆，如在雪山附近听见哗啦啦的响声、呼啸的风声或者是低沉的轰鸣声，就有可能会发生雪崩，要及时逃到安全地带。

如果遭遇雪崩时，来不及躲避，应该如何逃生呢？

1. 一旦发生雪崩，要立即扔掉手里拿的重物，并向与雪崩方向垂直的方向跑去，不能朝着积雪涌动的方向跑，否则可能被冰雪追上并掩埋。

2. 如果来不及躲避，要立即闭上嘴巴，屏住呼吸，防止冰雪涌进咽喉和肺部，导致窒息。如果身边有固定的东西，如树木等，要尽全力抓住。

3. 如果被积雪冲下山坡，并被掩埋，要尽力想办法爬出雪堆，如果听到周围有人活动，要大声呼救。

课堂要点： 不要独自去可能发生雪崩的地方，也不要在这些地方长久停留。如果想要滑雪的话，最好还是去有安全保障的滑雪场。

宝贝，和妈妈约定
不让自己受伤害

天上下冰块啦

读故事学安全

下午放学后，同同和李涵一起走着回家。

刚走出校门，同同就被大风吹得差点摔倒在地上。

“今天的风真大，说不定一会儿还有雨呢，我们得赶紧回家。”李涵和同同说道，又拉着他急急忙忙朝家里走。

两人正走着，突然，同同感觉到头被什么东西砸了一下。

“哎哟，好疼！”同同停止了奔跑，摸了摸自己的脑袋。

“怎么了？”李涵也停了下来。

“什么东西打在我脑袋上了。”同同低着头在地上寻找，突然，一颗晶莹剔透的硬币大小的冰块落在地上，又弹了起来，正好滚到了同同的跟前。

“快看！天上下冰块啦！”同同忘记了疼痛，赶紧弯下腰把冰块捡了起来。他刚一起身，背上又被砸了一下。

这时候，李涵也被砸到了，冰块越来越多，他们两人几乎同时用双手捂住了头。

“我们快找个地方躲一下吧！”李涵捂着头朝公交车站台下冲去，同同也跟着冲了过去。可是，他们很快就发现那个地方并不能为他们抵挡雨和冰雹，大风刮得雨点和冰雹乱飞，有些还飞到了他们的身上。

“同同，把书包顶在头上，我们重新找个地方。”不等同同回答，李涵先冲了出去。两人顶着书包在路上跑着，冰雹不时砸在他们的手上。此时地上也到处都是冰块，为了避免摔倒，他们的速度慢下来，尽量小心地在

冰雹上小跑着。

“李涵，我们去那棵树下躲一会儿吧，我的手砸疼了。”同同发现路边的一棵大树下没有多少冰雹，很明显，落下来的冰雹被繁盛的树叶挡住了一部分，即使从树叶上掉下来，打在身上也不会很疼。

“不行，还在打雷呢，我们不能去树下躲避，你没听老师讲过吗？”李涵头也不回地继续向前跑去。这时候，他们看到路边有一家银行，银行大厅里的人比平时多很多，李涵毫不犹豫地就跑进去了，同同紧跟着也跑了进去。

二十多分钟后，雨和冰雹终于停了，李涵和同同这才随着其他人一起走出银行，往家里走去。

冰雹是我国常见的一种自然灾害，碰到的几率很大。下冰雹就相当于是天上掉下冰块，如果不懂得保护自己，就有可能被冰雹砸伤。那么，遭遇冰雹天气时，应该如何逃生自救呢？

1. 当冰雹来临时，如果身在户外，不要乱跑，因为冰雹很可能迎面砸在脸上。如果暂时找不到躲避的地方，可以将身上的衣服脱下来，叠成厚厚的一叠，盖在头上，保护好头部。随身带有书、书包或者包之类的物品，也可以将书顶在头部作为掩护。

2. 如果冰雹下得非常大又实在无处躲避时，就要寻找一些可利用的物品。如干稻草、衣服，大的塑料袋等，都可以帮你抵挡冰雹的袭击。

3. 如果是大风天里下冰雹，身在室外时，不要站在广告牌、高楼屋檐、烟囱、电线杆、大树、高大建筑物附近。身处室内也不要得意忘形，同样要小心可能破窗而入的冰雹。可以躲在冰雹砸不到的地方，或者躲在木桌下面，也可以将木抽屉顶在头顶上。但千万不要顶铁锅、铁锹等物品，既

容易碎也容易导电。

4. 如果在室外，尽量不要将棉被顶在头顶上，因为下冰雹时，常常会伴随着雷雨。而且棉被被雨水浸湿后，重量会大大增加，不利于快速逃生。

课堂要点： 下冰雹时，如果身在户外，在寻找躲避处所的过程中，一定要保护好头部，以免被冰雹砸伤。

山洪来了往哪里逃

小伟就读的学校是一所山区小学，学校就坐落在山里边。每天早上，小伟都会和村里的小伙伴们一起走上几里的山路去学校。

自从进入梅雨期后，山里一直在下雨，连续下了一个多星期，相关部门已经通过电视台和广播发出了洪水警告。尽管如此，学校并没有发出停课通知，小伟和小伙伴们还是每天都去学校上课。

这天，小伟和小伙伴们正走在放学的路上，突然，不远处传来一阵“轰隆隆”的声音，几个人还没有弄明白到底发生了什么，就看到一股黄色水流从山上急冲了下来，并朝他们所在的小路冲过来。

“快找东西抱住!”小伟大喊一声，首先抱住了身边的一棵小树，伙伴们也纷纷模仿他的做法，赶紧抓住路边可以抓的东西。夹着泥沙的山洪快速地冲到他们的面前，差点将一位小伙伴冲走，幸运的是，他又抓住了岸边的一棵手腕粗的小树。

洪水还在不断地冲过来，水流越来越大，几个小伙伴的处境也越来越危

险，年龄最小的小娟还吓得哭了起来。他们所有人都没有见过这种阵势，只是听村子里老人们讲过山洪发生时的情景。情急中，小涛想起大人们曾经说过，遇到山洪暴发时，要向高处跑。他左右环顾了一下，发现路的前面不远处，有一段路边的树木不是很茂密，坡也不是很陡，适合往更高处爬。

“我们再往前面走一点吧，可以从那里爬上去。”小涛说完就做起了示范，他先挪动一步，然后放开一只手，抓住下一棵树后，再双手紧紧抱着，双脚向前挪动一步。伙伴们纷纷学着他的样子一步步向前挪动着。

水流实在太急了，如果一不小心没有抓牢，都有可能被水流冲走。

小涛第一个挪到了那片缓坡前，又攀着树木爬了上去。

“快，我拉你们上来。”小涛左手抓着一棵树，右手伸下来拉小娟，紧接着又把另外几个小伙伴也都拉了上去。小伟是最后一个被拉上去的，轮到他时，洪水已经快到了他的脖子那儿。

终于逃脱了洪水的束缚，他们坐在缓坡上边歇息边讨论着怎么办。这时候眼看着天一点点的黑下来了，可是洪水并没有给他们把回家的路让出来。几个人一人抱着一棵树坐着，呆呆地看着路上的洪水，心里充满了担忧。

夜幕降临时，洪水好像退了一些，但道路上依然还有水在流动。小伙伴们不敢轻易走下去，决定继续留在缓坡上，等洪水完全退去后再离开。让他们没有想到的是，晚上九点多，村子里的大人沿着去学校的路找到了他们，那时候洪水已经完全退去，他们和大人们一起沿着泥泞的山路回到了家中。

山洪暴发一般发生在暴雨频发的山区，一般情况下，遇到的几率较小，那么，一旦遇到，又要怎样做才能安全逃生呢？

1. 从预防做起。身在山区时，如果那里一连下了好几天的暴雨，就有可能会发生山洪暴发，这时候就要提高警惕，最好不要独自外出。有可能发生山洪暴发时，不要贸然涉水过河。

2. 山洪暴发时，要赶快向山上或者地势较高的地方转移。逃跑的过程中，不要沿着山洪流动的方向逃，而是选择与山洪流动方向垂直的方向。

3. 山洪暴发时，还要留意随时可能发生的泥石流。一旦听到远处传来土石崩落的声音，要马上向沟岸两侧的高处跑，或者蹲在结实的岩石后面，再或者蹲在地坎下，双臂抱头，保护好头部。

课堂要点： 在可能发生山洪暴发的地方，要预防。已经遇到山洪暴发时，要及时逃跑，或者抓住身边可以抓住的固定物体，如大树、岩石等，以保证不被山洪冲走。

海浪追来了，怎样躲起来

维妮十岁那年，她和妈妈一起去东南亚旅行。

这天，妈妈在海滩上晒太阳，她在海边的浅水区玩耍。突然，维妮发现海水居然变少了，很快，她的膝盖露出了水面，紧接着连脚背也露出了水面。当她看向其他人时，发现所有人的脸上都是一副惊讶的表情。

海水还在继续退去，那些来不及跟着海水退去的鱼虾们被留在了海滩上，很多人兴奋地跑过去将这些小鱼小虾捡起来。不一会儿，岸上的很多人也都加入到了“拣鱼虾”的队伍中，维妮此刻无心拣鱼，而是径直朝妈妈跑过去。

“妈妈，海啸要来了！”维妮一脸严肃的样子，语气中透着焦急。

“是吗，你怎么知道的？”妈妈也是第一次见到这种海水突然消失的情况，她感到很惊奇。

“我在书上看到过，海啸来临之前，海水会突然消失。”维妮一本正经又有点着急地解释。她虽然从未经历过海啸，却隐约知道这种灾难的危害有多大。

“维妮，是这样吗？那我得告诉其他人，你在这里等着。”

很快，妈妈找到了海滩上的管理人员，将维妮对她讲的话告诉他们，他们也正想知道海水为什么会突然退去。一分钟后，海滩上的广播响起来了，将海啸即将来临的消息传递给了在场的每一个人。

当其他游客满脸惊讶时，妈妈已经带着维妮朝远处的一处高地上跑去，在他们的身后，醒悟过来的游客们也纷纷向那里跑去。

妈妈拉着维妮的手拼命向山上跑去，维妮忍不住回过头去看了一眼，她发现海水不知道什么时候又回来了，并且还在不断上涨，不断地向岸边移动。一股莫名的恐惧促使她和妈妈一起奋力向上跑去。幸运的是，当她们跑到距离地面五十多米的山顶时，海水还在离山脚下十多米远的地方。维妮站在高高的山头上，生平第一次见识了海啸的威力。那些没来得及跑上山的游客们，有的一瞬间就被海浪卷走，或者在海水中挣扎；有的虽然死死地抱着树干，最终也被海浪所淹没；有的刚好站在海浪所到达的高度处，幸运地捡回了一条性命……维妮不敢再看下去了。她紧紧拉着妈妈的手，闭上眼睛等待着灾难的结束。

数分钟后，海水终于退去，救援人员将维妮和妈妈，还有其他在山顶上的游客带下了山。

海啸是一种死亡率非常高的自然灾难，尽管如此，每次大的海啸事故中，也总会有部分的幸存者。因为他们有意或者无意地掌握了一些逃生的

方法。所以，如果家住在海边，或者是要带孩子去海边游玩，不妨提前给孩子讲一下海啸中的逃生常识。

1. 接收到海啸预警后，要迅速离开危险地带。在没有解除海啸预警前，不要靠近海岸。

2. 海啸来临之前，常常会有一些明显的征兆，如在海底附近发生了较大级别的地震，或者海水突然快速消退。特别是在发现海水快速消退时，就要赶紧撤离，因为海浪随后会以更快的速度袭击海岸。

3. 发现有海啸征兆后，应该马上离开，离海岸线越远越好。如果发现逃离的时间不够。可以就近找到一处高地，如高山，高大、坚固的建筑物，树木等，尽可能地爬到最高处。不要试图爬低矮的房子，这样做是在白白浪费逃生时间。

4. 如果不小心被卷入水中，要不顾一切地抓住一些漂浮物，如救生圈、门板、树干等，这些物品能增加你在水中的浮力。

课堂要点： 从海啸中逃生的关键词还是“防”，地震发生后，最好不要在海滩附近停留。发现异常情况时，马上以最快的速度离开海滩。

发洪水了怎么办

进入夏季后，大雨连着下了十多天，并且还在下着，气象部门发出了洪水预警。

夜里两点多的时候，木木的爸爸听到了水撞墙的声音，他急忙起床喊醒了妈妈和木木。

“好像是发大水了。”说着话，爸爸已经打开了大门，洪水一下子涌进了屋子，屋子里一下子有了齐膝深的水。

“爸爸，我们去楼顶上躲避一下吧。”

“也只能这样了，走！我们去楼上！”爸爸带头朝有楼梯的那间房走去，这时候，屋子里的水还在不断向上涨。当他们走到房门前时，洪水已经涨到了木木的腰部。爸爸伸手拉了拉房门，没拉开，他又使劲拉了拉，还是没拉开。妈妈见状也上前去给爸爸帮忙，可是房门依然纹丝不动。

“不行，水太大了，门根本就拉不开，我们还是去外面躲一躲吧。”爸爸抱着木木，又拉着妈妈的手往门口走去，家里已经停电了，大门外，也是一片漆黑。

爸爸站在门口迟疑了一下，又带着他们返回了屋里，家里的一些家具在水中漂浮着，时不时磕碰到他们。爸爸摸到一张大的木桌子，就把木木放在上面。

“木木，你抓好这个桌子，要是桌子漂到门边，你就紧紧抓住门框，记住，千万别漂出去了，我先把你妈妈送到外面去，一会儿就回来接你。”

爸爸带着妈妈出门，木木抓着的那只桌子不断摇晃着漂来漂去，有一次还漂到门框那里去了，差点就漂出了屋，木木按照爸爸说的那样，一手拉着桌子，一手死死抵着门框，桌子这才没有继续向外漂去。

大约过去了半小时，木木却感觉好像过了一天那么长，更让他感到焦急的是，爸爸还是没有回来。慢慢的，外面开始有光线闪过，那是手电筒的光，洪水把人们从睡梦中惊醒了。看到灯光，又听到了人声，木木的恐惧感减少了许多，他继续抓着那只救命的桌子。

又等了大约半个小时，爸爸还是没有回来，外面的灯光越来越多，人声也越来越大，这时候，有人划着小船从木木家门前经过。

“救命！救命啊！”木木连忙扯着嗓子喊了起来，很快，从小船上跳下一个人，把木木救上了船。

在我国，洪涝灾害是一种常见灾害，常有发生，有人曾做过调查，在水流速度较快的情况下，十五厘米深的水就有可能把人冲倒，六十厘米深的水就可以冲跑一辆汽车，并对人的生命产生威胁。所以，父母有必要让孩子了解一些这方面的逃生知识。

那么，当洪水发生时，孩子应该怎样逃生自救呢？

1. 如果气象部门发出灾情预告，孩子要尽量和父母在一起。

2. 洪水来临时，如果来不及向外转移，也不要惊慌，可以和父母一起去楼上、屋顶、大树上等地方躲避，等待救援。

3. 在快速流动的洪水中行走时，手中最好能拿根棍子探路，在水深到达腰部之前，要赶紧找一个安全的地方，否则就有被冲走的危险。

4. 如果水情比较严重，水位在不断上涨，就要寻找身边有没有能浮在水面的东西，如床板、箱子、柜、门板等，并紧紧抓住。

5. 选择的避难场所不要离家太远，最好是在家附近的地势较高的地方。如果是在山区，最好不要选择大山作为避难场所，因为大雨有可能会引发山洪。

课堂要点： 洪水来临前，相关部门会发出预警。所以，一旦收到预警，应该马上做好相关准备，如向更高的楼层转移，多准备一些食物和饮用水在家中。

房子摇晃得好厉害

下课后，同学们站在走廊上聊天、嬉闹，突然，地板发出“咚——咚”的声音。

琪琪吓得大声喊道：“啊！地震了！”坐在教室里的朵朵连忙抬头看了看墙上的钟。“奇怪，钟怎么是不动的?”朵朵正不知道自己要不要逃跑时，“咚咚”声又传来了，她顺着声音传来的方向看过去，才发现原来是小胖在跳绳。

“拜托，不要在这里跳绳了好不好？害得我们都以为地震了。”罗吉边说边过去阻止小胖。小胖赶紧停下来，朝着罗吉伸了伸舌头。

过了一会儿，教室突然又是一阵晃动，大家纷纷把目光转向小胖。可此时的小胖并没有跳绳，他正一脸茫然地向四处看，大家这才明白过来，真的发生地震了。

“地震了！快跑！”不知道是谁喊了一句，大家马上跑的跑，躲的躲，一些胆小的女生还吓得大声尖叫，教室里乱成了一锅粥。

晃动一直持续了十秒左右，此时，教室里的课桌下躲满了人，还有几个人躲在屋角处。值得庆幸的是，晃动结束后，虽然教室里的课桌椅倒的倒，斜的斜，歪的歪，但是房子依然完好无损。这时，学校的广播里传来教导主任的声音，他要求各个班级的老师赶快将学生集合到操场上避险。

办公室在同一楼层的老师火速赶到教室清点人数，确定没有少人后，老师说：“各位同学，现在请大家都把书包顶在头上，一个个排好队，我们

这就去操场上！”

很快，同学们一个个头顶着书包，快速地走出了教室。

就在大家排着队紧张、有序地下楼梯时，又是一阵晃动，一些胆小的同学再次吓得大声尖叫起来。

“同学们不要怕，靠墙边走，赶快到楼下去。”老师的声音有效地安抚了同学们的情绪，除了有几个女同学吓得哭了之外，其他人表现得都很镇定。

大家在老师的带领下来到操场上，这时候，先到达的班级已经在那里安顿下来。老师为他们在操场上找了一块地方，同学们就把书包垫在地上坐下了。

一个多小时过去了，就在同学们以为危险时刻已经过去时，突然又是一阵晃动。这时候，老师发现有几个同学蹲在了操场上的篮球架下面，他赶紧走了过去，“李奇，罗吉，陈越，你们不要蹲这里，这里太危险了，万一篮球架倒下来会压到你们的，赶快上这边来！”

蹲在那里的几个同学听了老师的话，吓得赶紧跑了出来。

等余震平息了，老师才又领着大家回到了教室里。

安全知识小课堂

我国是一个多地震的国家，也发生过一些伤亡惨重的大地震，如唐山地震、汶川地震等。因此，很多人一听说地震，马上联想到这样一个情景：山摇地动，房倒屋塌，无数生命转瞬间就化为乌有。地震仿佛一个可怕的恶魔，我们避之不及。其实，地震并没有我们想象中的可怕，如果能掌握一些基本的地震逃生技巧，那么在面对地震时，逃生的可能性将会大大增加。所以，作为父母，闲暇时，不妨多给孩子传授一些这方面的逃生知识。

1. 地震发生时，用手、书包或者其他柔软的物品保护好头部，如果在

室内，不能及时出去，要马上躲到坚固的桌子、柜子前面，或者躲进厨房、厕所等小开间中。如果在室外，要双手抱头往开阔的地带跑，或者采用蹲下、趴下等姿势，以免被掉下来的物品砸伤。

2. 发生地震时，一定不要在高楼附近、电线杆下面、狭窄的胡同里或者过街天桥下停留，以免被砸伤。

3. 地震发生时，要远离电源、电线、火源、开水、易燃易爆物品及腐蚀性物品。

4. 地震时，如果已经身在室外，不要随便返回室内。如果只是微震，应当在确定余震已经过去，没有危险时，再返回室内。如果地震的级别较大，又处在震中附近，则需要在户外的防震棚内等待一段时间，确定安全后再返回室内。

课堂要点： 地震发生时，不要慌乱，更不要盲目地四处乱跑或者待在原地不动，要马上采取正确的方法逃生和自救。

遭遇泥石流如何逃生

这些天，暴雨一直不停地下着，由于张良的家处在群山环绕的一片平谷中，县政府相关部门不断地在广播中提醒大家警惕泥石流。

虽然大家做好了相关的准备，不幸的是，泥石流还是爆发了。

这天下午，张良正独自在家中做作业，突然，他听见一声惊天动地的轰鸣声。张良急忙跑出门去看。走到门口，他才发现有些邻居也出来了。

正在大家面面相觑时，不知道谁喊了一句："快跑，泥石流来了。"

邻居们一听说是泥石流来了，马上向四周逃去。张良的第一反应是赶紧回家把门关上，因为家里是三层的小楼，他可以逃到三楼上去躲避。刚准备进屋时，张良看到泥石流已经冲到了离自己家房子一百米左右的地方。

"来不及上楼了!"张良当机立断，朝着泥石流流动方向的侧面跑去。跑了五十米左右，泥石流已经快要冲到他的身边，张良连忙抱着身边的一棵柿子树。幸运的是，他已经跑出了泥石流的中心地带，边缘处的冲击力不是很强。张良死死抱住柿子树，不让自己被冲走。

等第一波泥石流过去以后，张良连忙挣扎着从泥流中走出来，继续向前面的一个高地跑去，并在那里停了下来。当他转过身去看自己家的房子时，发现那里已经成了一片平地——房子都被泥石流冲垮了。

安全知识小课堂

泥石流是由暴雨、冰雪融水等引发的一种地质灾害，灾难爆发时，含有大量泥沙、石块的洪流奔涌而下，沿着山沟奔腾咆哮，发出犹如雷鸣般的声音。在很短的时间内，这些泥流就能将房屋摧毁并掩埋，给人类的生命财产造成重大损失。那么，遇到泥石流时，我们该如何避险呢?

1. 如果在山中遭遇大雨、暴雨，要马上转移到高地，不要在低洼的谷底或者是陡峭的山坡上停留。

2. 在大雨之后的山谷中行走时，要特别警惕各种异常声音，如土石崩落和洪水咆哮的声音，这些常常意味着在离你不远处的某个地方发生了泥石流。

3. 发现泥石流朝你袭来时，要马上向泥流奔跑方向的两侧跑，不要顺着泥流的方向跑，因为你再怎么跑也跑不过泥流的速度。

4. 如果发现泥石流已经近在眼前，根本来不及逃离，应马上蹲在结实

的障碍物下或者地坎下，双臂抱住头部。切记不要躲在有滚石和大量堆积物的山坡之下。

5. 遭遇泥石流时，不要在低洼处停留，可以去树木密集的地方躲避。

课堂要点： 一旦发生泥石流，要抓紧时间逃离泥流的必经之路，如果来不及逃离，要马上给自己找到一个结实的障碍物，并躲在障碍物下。

安全小测试

这一章的学习结束了，你学到了多少安全知识呢？我们可以通过下面的自我测试来检测一下。

1. 在室外遇到雷雨时，下面哪种做法不容易出现危险？

　a. 躲到大树下

　b. 躲到广告牌下

　c. 无处可躲时，双腿并拢、蹲下身子

2. 打雷下雨天，如果身在室内，下列做法不正确的是：

　a. 打手机

　b. 关好门窗

　c. 停止使用电视、音响等电器

3. 预防雪崩，下列哪种说法不正确？

　a. 在山坡上有较厚的积雪时，不要去山上玩耍

　b. 在降雪天气降雪发生后的两天内，都是极易发生雪崩的危险期，不要

去雪崩危险区域内玩耍

c. 在积雪较厚的山峰附近大声呼喊或者剧烈运动

4. 被积雪埋住时，下列哪种做法不正确？

a. 在脸的前面挖出一个洞

b. 什么也不做，等待救援

c. 趁积雪还未压实之前，积极挖雪自救。

5. 下冰雹时，如果身在室外，应该：

a. 到广告牌下躲避

b. 到高大建筑的屋檐下躲避

c. 到路边的超市里躲避

6. 冰雹天气里，如果身在室内，应该：

a. 关好窗户，或者躲到桌子下面去

b. 头顶铁锅躲避冰雹

c. 溜到室外去捡冰雹

7. 哪种特点的天气容易引发山洪暴发？

a. 连续下一个星期的小雨

b. 连续下三四天的大暴雨

c. 连续下一个星期的大雪

8. 山洪暴发时，下列做法不正确的是：

a. 向地势高的地方转移

b. 向与山洪流动方向垂直的方向奔跑

c. 顺着山洪流动的方向奔跑逃生

9. 下面哪些现象不属于海啸来临前的征兆？

a. 海面上突然刮起大风

b. 海水突然快速消退

c. 海域附近刚刚发生过大地震

10. 如果不小心被卷入海浪中，应该：

a. 大声呼救

b. 抓住救生圈、门板、树干之类的物体

c. 抓住身边一齐落水的人

11. 洪水来临时，如果来不及躲避，应该：

a. 去屋顶，或者是上树躲避，等待救援

b. 在淹水的房子里等待救援

c. 涉水躲到安全的地方去

12. 据调查统计得知，多深的洪水能够将人冲倒？

a. 15cm

b. 50cm

c. 80cm

13. 地震发生时，如果来不及逃出室外，应该躲在：

a. 床铺底下

b. 墙角处，厨房、厕所等小开间里，或者结实的桌子底下

c. 柜子里面

14. 地震发生时，不需要远离的是：

a. 窗户

b. 电源、电线、火源、开水、易燃易爆物品和腐蚀性物品

c. 水源

15. 较大地震发生后，下列哪种说法是错误的？

a. 立即回到房子里

b. 先在室外或者防震棚内等待一段时间

c. 积极搜救幸存者

点评：

以上测试题的答案分别是：

1～5：cacbc

6～10：abcab

11～15：aabca

计分说明：答对一题得1分，及格分为9分，满分为15分。

如果你的得分为满分，说明在各种常见的自然灾害中，你知道该如何保护自己，让爸爸妈妈放心。

如果你的得分在9～15分之间，说明你对于某些灾难的逃生知识还没有完全掌握，需要再接再厉。这一章的知识都是日常生活中用得着的，所以不妨让爸爸妈妈给你重新讲解一遍，实在记不住的，也可以通过进行演习的方式来帮你加深记忆。

如果你的得分在9分以下，这个成绩就不是很理想了，需要重新认真学习本章的知识。